高等职业院校**数字媒体艺术**系列教材

Photoshop

职业技能实训

案例教程

丛书主编 / 肖刚强

编　　著 / 赵苗苗 马冬艳 王立娟

清华大学出版社

北京

内 容 简 介

本书通过全面系统地介绍图形图像处理设计的理论、方法、设计流程等核心职业技能和素养，以及大量基于项目解决的实践案例，力求能够快速高质量地提高读者的图形图像实际设计能力和开发应用水平。全书共分为 3 章，第 1 章主要是对 photoshop 知识基础进行介绍，包括基本概念、界面定制、文件格式、选区、图层、文本工具等必要的图形图像处理基础知识；第 2 章主要是基本职业技能训练，围绕着具体应用职业技能需求，介绍运用 photoshop 软件进行图像创作、图像修饰、艺术化效果、3D 图像处理、网页输出等内容的相关知识与基本技能，涉及的基本职业技能主要包括绘画技能、修图技能、抠图技能、调色技能、图像合成技能、特效制作技能以及自动化工作技能；第 3 章为 Photoshop 商业实战，主要是通过各种综合性的项目案例，全面介绍了如何运用 Photoshop 软件实际完成数码照片修饰、平面广告设计、商品包装设计、商业插画手绘创意、建筑效果图后期制作以及网页设计等商业领域作品设计与制作的全过程。同时，每一章节都附有大量的应用拓展实例以及习题。

本书可以作为大专院校数字媒体艺术专业、平面设计专业、动画设计专业的教材，也可作为广大工程技术人员自学的参考书。

图书在版编目(CIP)数据

Photoshop 职业技能实训案例教程/赵苗苗，马冬艳，王立娟 编著. —北京：清华大学出版社，2011. 3
(高等职业院校数字媒体艺术系列教材)

ISBN 978-7-302-24894-1

Ⅰ. P… Ⅱ.①赵…②马…③王… Ⅲ. 图形软件，Photoshop—高等学校：技术学校—教材 Ⅳ. TP391.41

中国版本图书馆 CIP 数据核字(2011)第 023883 号

责任编辑：于天文
封面设计：ANTONIONI
版式设计：孔祥丰
责任校对：蔡　娟
责任印制：李红英

出版发行：清华大学出版社　　　　　　　　　　地　　　址：北京清华大学学研大厦 A 座
　　　　　http://www.tup.com.cn　　　　　　　邮　　　编：100084
　　　社　总　机：010-62770175　　　　　　邮　　　购：010-62786544
　　　投稿与读者服务：010-62776969，c-service@tup.tsinghua.edu.cn
　　　质　量　反　馈：010-62772015，zhiliang@tup.tsinghua.edu.cn

印　装　者：北京嘉实印刷有限公司
经　　销：全国新华书店
开　　本：185×260　印　张：14.5　字　数：353 千字
版　　次：2011 年 3 月第 1 版　印　次：2011 年 3 月第 1 次印刷
印　　数：1～4000
定　　价：27.00 元

产品编号：039846-01

PREFACE 前言

　　我很荣幸的向广大读者推荐由大连软件职业学院编写的"高职高专媒体艺术系列教材"，这套作为清华大学普通高校十二五规划媒体艺术系列教材由清华大学出版社与 2011 年春正式出版。

　　目前，我国高等职业教育正面临着重大的改革。教育部提出的"以就业为导向"的指导思想为我们研究人才培养的新模式提供了明确的目标和方向。"外语强，技能硬，综合素质高"是我们认真领会和落实教育部指导思想后提出的新的办学理念和培养目标。新的变化必然带来办学宗旨、教学内容、课程体系、教学方法等一系列的改革。为此，我们组织学校有经验的专业教师，多次进行探讨和论证，编写出这套系列教材。

　　这套系列教材贯彻了"理念创新，方法创新，特色创新，内容创新四大原则，在教材的编写上进行了大胆的改革。教材主要针对高职高专艺术设计相关专业的学生，包括了艺术设计领域的多个专业方向。如：平面设计、影视动画、多媒体、环艺设计等。教材层次分明，实践性强，采用案例教学，重点突出能力培养，使学生从中获得更接近社会需求的技能。

　　本套系列教材是参考清华大学、中国传媒大学、东北大学等多所院校应用多年的教材内容，结合本校学生的实际情况和教学经验，有取舍地改编和扩充了原教材的内容，使教材更符合本校学生的特点，具有更好的实用性和扩展性。

　　本套教材可作为大专院校数字媒体等相关专业学生使用，也是广大技术人员自学不可缺少的参考书之一。

翁家彧

2010 年 12 月于大连

翁家彧：大连软件学院党委书记、院长 教授

CONTENTS 目录

目

录

[第1章]

Photoshop CS3
技术基础

1.1　基本概念

1.1.1　像素

像素又称像元，是由 Picture（图像）和 Element（元素）这两个单词的英文字母所组成的，是图像的基本单位。图像有很多点组成，它们以行和列的方式排列，计算机上的图像就是由一个个小方块组成的，这些小方块就是构成图像的最小单位"像素"（Pixel）。像素是不可再分的单元或者元素，它们都有自己的位置和色彩数量，即一个个小方块的颜色和位置决定了该图像的外观。文件中像素越多，色彩就越丰富，图像的品质就越好，如图 1-1 和图 1-2 所示。

图 1-1　原图像 100%显示　　　　图 1-2　原图放大 800%后的显示

1.1.2　矢量图和点阵图

矢量图也叫做向量图，是以数学描述的方式来记录图像内容的，采用数学函数进行实现。简单地说，就是缩放不失真的图像格式。矢量图记录了元素形状及颜色的算法。当打开一幅矢量图的时候，软件对图形对应的函数进行运算，将运算结果(即图形的形状和颜色)显示出来。无论显示画面是大还是小，画面上的对象对应的算法是不变的，所以，即使对画面进行倍数相当大的缩放，其显示效果仍然相同，即不失真。矢量图像是由各种线条及曲线或是文字等组合而成的，因此，具有文件小，容易放大、缩小或旋转等特点。其缺点是无法精确地描述自然景观，不容易在软件间进行交换文件。在常用的绘图软件中，Adobe Illustrator、Freehand、CorelDRAW 等可用于矢量图的创作。如图 1-3 和图 1-4 所示为原图和放大后的效果。

图1-3 矢量图原图效果

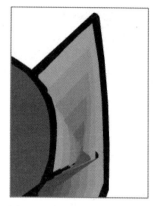

图1-4 矢量图放大后的效果

点阵图也叫做位图，是以像素阵列的排列来实现其显示效果的。简单地说，就是最小单位由像素构成的图，缩放会失真。在对点阵图进行编辑操作时，可操作的对象是每个像素。点阵图中每个像素有自己的颜色信息，它弥补了矢量图的缺陷，能够制作出丰富的图像，可以逼真地表现自然景观，也很容易在不同软件中交换文件。其缺点是无法制作真正的 3D 图像，并且缩放和旋转时会失真，同时对硬盘空间的要求较高。如图 1-5 和图 1-6 所示为点阵图的原图和放大后的效果。

图1-5 点阵图原图

图1-6 点阵图放大后的效果

1.1.3 图像分辨率

分辨率是指单位长度内所含的点或像素的多少，单位是"像素/英寸"或"像素/厘米"。图像分辨率即是指图像中每单位长度所含的点或像素的多少。常见的有 640×480 像素、1024×768 像素、1600×1200 像素、2048×1536 像素等，前者为宽度值，后者为高度值，两者相乘即为图像的像素。例如，1×1 英寸且分辨率为 72 像素/英寸的图像包含 5184 像素（72 像素宽×72 像素高=5184 像素）。同尺寸的高分辨率图像比低分辨率图像含有更多的像素，其像素点更小且密，更能细致地去表现图像的色调变化。

图像的分辨率采用多少，要以发行媒介来决定。如果仅仅是适用于计算机或是网络发行，则只需要 72 像素即可；如果用于印刷，则最小应达到 300 像素的分辨率，否则会导致图像像素化。但是分辨率也不可过高，否则，既不会增加品质，反而会增加文件大小，影响输出速度。

1.1.4　颜色模式

颜色模式就是决定显示和输出文件的色彩模式。不同的颜色模式定义的颜色范围不同，它影响图像的通道数目和文件大小。在 Photoshop CS3 中，常见的模式包括 RGB（红、绿、蓝）、CMYK（青、洋红、黄、黑）和 Lab 模式，如图 1-7 所示。

1. 位图模式

位图模式是用两种颜色（黑和白）来表示图像中的像素。位图模式的图像也叫做黑白图像。因为其深度为 1，也称为一位图像。由于位图模式只用黑白色来表示图像的像素，在将图像转换为位图模式时会丢失大量细节，因此 Photoshop 提供了几种算法来模拟图像中丢失的细节。在宽度、高度和分辨率相同的情况下，位图模式的图像尺寸最小，约为灰度模式的 1/7 和 RGB 模式的 1/22 以下。当图像要转换成位图模式时，必须要先将图像转换成灰度模式后，才能转换成位图模式，如图 1-8～图 1-10 所示。在位图模式下，不能制作色调丰富的的图像。

图 1-7　色彩模式选项　　图 1-8　原图　　　图 1-9　灰度模式　　图 1-10　位图模式

2. 灰度模式

灰度模式可以使用多达 256 级灰度来表现图像，使图像的过渡更平滑、细腻。灰度图像的每个像素有一个 0（黑色）～255（白色）之间的亮度值。灰度值也可以用黑色油墨覆盖的百分比来表示（0%等于白色，100%等于黑色）。使用黑白或灰度扫描仪产生的图像常以灰度显示。彩图转换成灰度模式后，Photoshop 会放弃原图像中的所有颜色信息，转化后的像素的灰阶（色度）表示原像素的亮度。

3. 双色调模式

双色调模式采用 2～4 种彩色油墨来创建由双色调（两种颜色）、三色调（3 种颜色）和四色调（4 种颜色）混合其色阶来组成图像。在将灰度图像转换为双色调模式的过程中，可以对色调进行编辑，产生特殊的效果。而使用双色调模式最主要的用途是使用尽量少的颜色表现尽量多的颜色层次。用黑色油墨打印双色调图像，黑色用于暗调部分，灰色用于中间调和高光部分。转换双色调模式时，首先必须转换成为灰度模式。同时应在"双色调选项"对话框中设置色调类型：单色调、双色调、三色调和四色调，如图 1-11 所示。

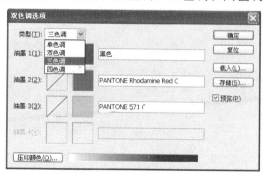

图 1-11   "双色调选项"对话框

4. 索引模式

索引颜色模式可生成最多 256 种颜色的 8 位图像文件。当转换为索引颜色时，Photoshop 将构建一个颜色查找表（CLUT），用以存放并索引图像中的颜色。如果原图像中的某种颜色没有出现在该表中，则程序将选取最接近的一种，或使用仿色以现有颜色来模拟该颜色。索引模式可以大大减小文件的大小，同时保持视觉上的不变，但在这种模式下只能进行有限的编辑。要进一步进行编辑，应临时转换为 RGB 模式。索引颜色文件可以存储为 Photoshop、BMP、DICOM（医学数字成像和通信）、GIF、Photoshop EPS、大型文档格式（PSB）、PCX、Photoshop PDF、Photoshop Raw、PICT、PNG、Targa 或 TIFF 格式。

5. RGB 模式

RGB 是色光的色彩模式。R 代表红色，G 代表绿色，B 代表蓝色，3 种色彩叠加形成了其他的色彩。因为 3 种颜色都有 256 个亮度水平级，所以 3 种色彩叠加就形成 1670 万种颜色，也就是真彩色。在 RGB 模式中，由红、绿、蓝相叠加可以产生其他颜色，因此该模式也叫加色模式。RGB 模式是 Photoshop 中最常用的一种颜色模式，一方面，在 RGB 模式下处理图像较为方便，Photoshop 中的所有命令和滤镜都可以使用；另一方面，RGB 模式比 CMYK 图像文件要小，可以减少内存和空间。

6. CMYK 颜色模式

CMYK 颜色模式是一种印刷模式，CMYK 四个字母分别指青色（Cyan）、洋红色（Magenta）、黄色（Yellow）和黑色（Black）。在印刷中代表 4 种颜色的油墨。CMYK

模式在本质上与 RGB 模式没有什么区别，只是产生色彩的原理不同。在 CMYK 模式下，可以为每个像素的每种印刷油墨指定一个百分比值。为最亮（高光）颜色指定的印刷油墨颜色百分比较低；而为较暗（阴影）颜色指定的百分比较高。CMYK 颜色比 RGB 颜色要暗一些，效果如图 1-12 和图 1-13 所示。

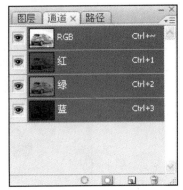

图 1-12　RGB 模式下的原图及"通道"面板

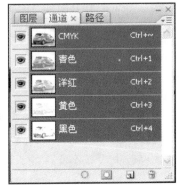

图 1-13　CMYK 模式下的原图及"通道"面板

7. Lab 模式

Lab 模式是 Photoshop 在不同颜色模式之间转换时，使用的内部颜色模式。它由亮度（L）通道、a 通道和 b 通道组成。其中，亮度的取值范围为 0～100；a 代表从绿色到红色，b 代表从蓝色到黄色，a 和 b 的颜色值范围均为-120～120。这 3 种通道包括了所有的颜色信息。Lab 模式也支持多个图层，具有 L、a、b 三个单色通道和由它们混合的彩色通道。从理论上讲，Lab 模式能创造出所有的颜色。它的颜色范围涵盖了 RGB 模式和 CMYK 模式的所有颜色。当 RGB 模式和 CMYK 模式转换为 Lab 模式时，它们的颜色信息不会有任何损失。因此，当 RGB 模式和 CMYK 模式互相转换时，实际上要先将它们转换为 Lab 模式。

8. 多通道模式

多通道模式图像在每个通道中包含 256 个灰阶，对于特殊打印很有用。它可以将一个以上通道合成的任何图像转换为多通道图像，而原来的通道则被转换为专色通道。

1.1.5 颜色深度

颜色深度（Color Depth）用来度量图像中有多少颜色信息可用于显示或打印像素，其单位是位（Bit），所以颜色深度有时也称为位深度。常用的颜色深度是 1 位、8 位、24 位和 32 位。1 位有两个可能的数值：0 或 1。较大的颜色深度意味着数字图像具有较多的可用颜色和较精确的颜色表示。如果一个图片支持 256 种颜色（如 GIF 格式），那么就需要 256 个不同的值来表示不同的颜色，也就是从 0～255。用二进制表示就是从 00000000～11111111，总共需要 8 位二进制数，所以颜色深度是 8。

表 1-1 列出了常见的色彩深度、颜色数量和色彩模式的关系。

表 1-1   常见的色彩深度、颜色数量和色彩模式的关系

色 彩 深 度	颜 色 数 量	色 彩 模 式
1 位	2（黑白）	位图
8 位	256	索引颜色
16 位	65536	灰度
24 位	16.7 百万	RGB

1.2   Photoshop CS3 的界面

Photoshop CS3 界面组成如图 1-14 所示。工作界面主要包括标题栏、菜单栏、工具栏、工具箱、面板和工作区等。

图 1-14   Photoshop CS3 工作界面

1.2.1　标题栏

标题栏位于界面的最上方，主要显示软件图标、名称为"Adobe Photoshop CS3"、窗口"最大化"按钮、"最小化"按钮和"关闭"按钮。在标题栏上单击鼠标右键，会弹出一个下拉列表，如图1-15所示。在其中可以对窗口大小进行控制，作用与标题栏右上方的3个按钮功能相同。

图 1-15　下拉列表

1.2.2　菜单栏

菜单栏位于标题栏的下方，包括10个菜单命令，如图1-16所示。用户可以利用这些菜单命令对图像进行调整和处理。用户单击菜单命令，将会弹出下拉菜单，如果子菜单处于灰色状态，说明此时的命令在当期状态不可用；如果子菜单右侧有一个黑三角符号，说明该菜单项下还有子菜单；如果子菜单右侧有一个省略符号…，说明单击该菜单时会打开一个对话框。

图 1-16　菜单栏

1.2.3　工具栏

工具栏位于菜单栏的下方，在工具箱中选择某一个工具后，系统将在工具属性栏中显示该工具的相应参数，用户可在该工具属性栏中进行参数的调整。下面以"矩形选框工具"为例，当用户单击"矩形选框工具"时，对应的工具属性如图1-17所示，用户可以设置选框的选取重叠方式、羽化像素大小等。

图 1-17　工具栏

1.2.4　工具箱

工具箱是学习Photoshop CS3软件的重点，它涵盖了选区制作工具、绘图修图工具、颜色设置工具及控制工作模式和画面显示模式工具等。在操作界面上，工具箱以长条显示，当单击工具箱上方的按钮时，可以恢复为短双条显示，如图 1-18 所示。另外，工具箱中某种工具右下角的黑色三角符号，表示在该工具位置上存在一个工作组。

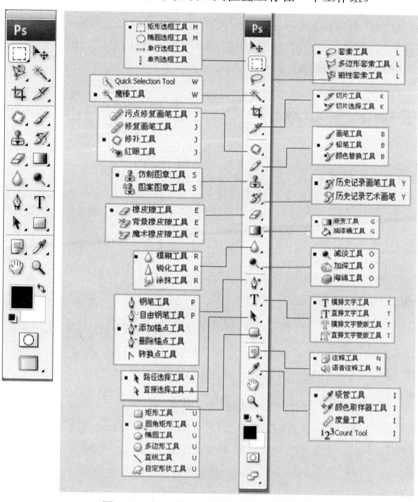

图 1-18　短双条工具箱模式及内置子命令

1.2.5　面板

默认状态下，面板区位于界面右侧，用户可以通过面板区控制图像的颜色、样式等，还可以观察图像的图层、历史记录、路径、动作等相关操作，如图 1-19 所示。

图 1-19　面板

1.2.6 工作区

Photoshop 软件界面的窗口中大片的灰色区域为工作区，工具箱、面板、图像窗口等都位于工作区内。在具体的工作中，用户可以调节图像窗口的显示比例，使其充满整个工作区，便于对图像的修改和操作。

1.3 常见的文件格式

在 Photoshop CS3 中，可以支持各种文件格式。它可以打开不同的文件格式进行编辑并保存，也可以根据需求将文件进行格式转换。下面主要介绍一些 Photoshop CS3 支持的主要格式。

1. PSD 格式

PSD 格式是 Photoshop 的固有格式，唯一支持全部颜色模式的图像格式。PSD 格式能够比其他格式更快速地打开和保存图像，很好地保存层、通道、路径、蒙版以及压缩计划，不会导致数据丢失。由于 PSD 格式保存的信息比较多，因此，文件比较大，同时也很少有其他应用程序支持这种格式。

2. BMP 格式

BMP 格式是英文 Bitmap（位图）的简写。它是 Windows 操作系统中的标准图像文件格式，能够被多种 Windows 应用程序所支持。BMP 支持 RGB、索引颜色、灰度和位图颜色模式，不支持 Alpha 通道和 CMKY 模式的图像。它采用一种叫 RLE 的无损压缩方式，对图像质量不会产生什么影响，是一种非常稳定的格式。

3. JPEG 格式

JPEG 格式是常用的图像格式。它是一个最有效、最根本的有损压缩格式，被极大多数的图形处理软件所支持。JPEG 压缩技术十分先进，它用有损压缩方式去除冗余的图像数据，在获得极高的压缩率的同时能展现十分丰富生动的图像。换句话说，就是可以用最少的磁盘空间得到较好的图像品质。但是，对于要求进行图像输出打印，不提倡使用该格式。

4. GIF 格式

GIF（Graphics Interchange Format，图形交换模式）是图像输出到网页最常采用的格式。GIF 采用 LZW 压缩，限定在 256 色以内的色彩。GIF 采用无损压缩存储，在不影响图像质量的情况下，可以生成很小的文件。它支持透明色，可以使图像浮现在背景之上，同时，GIF 文件可以制作动画，这是它最突出的一个特点。缺点是不能用于存储真彩的图像文件。在保存 GIF 格式之前，必须将图片格式转换为位图、灰阶或索引颜色等颜色模式。

5. TIFF 格式

TIFF（Tag Image File Format，有标签的图像文件格式）是 Aldus 在 Mac 初期开发的，目地是使扫描图像规范化。它是跨越 Mac 与 PC 平台最普遍地图像打印格式。TIFF 使用 LZW 无损压缩方式，大大减少了图像尺寸。另外，TIFF 格式最成功的功用是能够保存通道，这对于处理图像十分有益。

6. PNG 格式

PNG 是 20 世纪 90 年代中期开始开发的图像文件存储格式，其目的是企图替代 GIF 和 TIFF 文件格式，同时增加一些 GIF 文件格式所不具备的特性。PNG 用来存储灰度图像时，灰度图像的深度可达到 16 位；存储彩色图像时，彩色图像的深度可达到 48 位，并且还可存储多到 16 位的 α 通道数据。PNG 使用从 LZ77 派生的无损数据压缩算法。但由于 PNG 不支持所有的浏览器，所以在网页制作中的使用比 GIF 和 JPEG 格式少。

1.4 Photoshop 基本操作

1.4.1 新建、打开、关闭、保存文件

1. 新建文件

执行菜单"文件"|"新建"命令或者按快捷键 Ctrl+N，弹出"新建"对话框，如图 1-19 所示，可以在"新建"对话框中进行各项设置。设置好参数后，单击"确定"按钮或直接按下 Enter 键，即可以建立一个新文件。

图 1-19 "新建"对话框

在参数设置中，分辨率越高，图像越清晰，文件也越大。如果仅仅是适用于计算机或是网络发行，则只需要 72 像素即可；如果用于打印，只需要 150 像素；如果用于印刷，则最小应达到 300 像素的分辨率，否则会导致图像像素画。

2. 打开文件

执行"文件"|"打开"命令或者按快捷键 Ctrl+O，也可以双击 Photoshop 工作区桌面，

11

弹出"打开"对话框，如图 1-20 所示。在"查找范围"下拉列表中，选择查找图像存放的位置；在"文件类型"下拉列表中选择要打开的图像文件格式，如果选择"所有格式"选项，那么所有格式的文件都会显示在对话框中。双击要打开的文件或者单击"打开"按钮，即可以打开图像。

如果要一次打开多个文件，可以单击第一个文件，然后按住 Shift 键，再单击要打开的最后一个文件，这样可以选择多个连续文件；如果要打开多个不连续的文件，按住 Ctrl 键，单击要打开的文件即可。

3. 保存文件

对 Photoshop 文件编辑处理以后，要及时保存，便于后续使用。

执行"文件"|"存储"命令或者按快捷键 Ctrl+S，打开"存储为"对话框，如图 1-21 所示。

图 1-20　"打开"对话框　　　　　　　图 1-21　"存储为"对话框

Photoshop CS3 支持的存储格式有多种，用户可以根据需要将文件存储为不同的格式，在对话框中设置文件要保存的位置、文件名，然后在"格式"下拉列表中选择要存储的格式，单击"保存"按钮即可。保存文件时，如果在保存的位置上已有此文件名的文件，则会弹出一个提示对话框，询问是否替换原文件，如图 1-22 所示。

图 1-22　"存储为"提示对话框

执行"文件"|"存储为"命令或者快捷键 Ctrl+Shift+S，也可以打开"存储为"对话框，根据需要将文件存储为不同的格式。此时可编辑的文件为保存之后的文件。

执行"文件"|"存储副本"命令或按快捷键 Ctrl+Alt+S，可将正在编辑的文件存储为一个副本文件，但保持正在编辑文件，也就是原文件的可编辑性。

执行"文件"|"存储为 Web 和设备所用格式"命令或按快捷键 Ctrl+Alt+Shift+S，即可将文件保存为适合 Web 和设备显示用的优化图形。

4．关闭文件

在 Photoshop CS3 中，对图像处理保存以后，可将其关闭。选择菜单"文件"|"关闭"命令或按快捷键 Ctrl+W。用户也可以按快捷键 Ctrl+F4 关闭当前窗口。如果用户打开了多个窗口，想把它们全部关闭，可选择菜单"文件"|"全部关闭"命令，或者按快捷键 Alt+Ctrl+W即可。或者按快捷键 Ctrl+Q，既可以关闭文件，又可以关闭程序。

1.4.2　调整图像显示大小

使用 Photoshop CS3 时，用户可以改变图像的显示比例来使工作更加便捷，通常可以使用窗口快捷按钮、工具箱缩放工具等进行调整。调整图形显示大小的操作是，用户可以使用工具箱的"缩放工具" 🔍 调节，在图像中单击即可将图像放大，此时光标显示为 🔍，若按住 Alt 键在图像中单击则可将图像缩小，此时光标显示为 🔍，也可通过属性工具栏进行选择 🔍 按钮。缩放操作时，每单击一次左键，图像就会缩小或放大一倍。"缩放工具"属性栏如图 1-23 所示。

图 1-23　"缩放工具"属性栏

放大一个指定的区域时，应先选择"缩放工具" 🔍，然后把"缩放工具"定位在要观察的区域，按住鼠标左键拖拉，使鼠标画出的矩形框圈选住所需的区域，然后松开鼠标左键，这个区域就会放大或者缩小显示并填满图像窗口。

如果要将图像窗口放大填满整个屏幕，则可以在"缩放工具"属性栏中单击"适合屏幕"按钮 适合屏幕，然后选中"调整窗口大小以满屏显示"复选框，这样在放大图像时，窗口就会和屏幕尺寸相适应。

单击"实际像素"按钮 实际像素，图像以实际像素比例显示。

单击"打印尺寸"按钮 打印尺寸，图像以打印分辨率显示。

用户也可以通过"导航器"面板对图像进行放大或缩小。单击"导航器"面板右下方的"缩小"按钮 或者"放大"按钮，或单击"视图"|"放大"/"缩小"命令，可以逐次缩小或放大图像。拖拉三角形滑块可以自由调整图像的比例，或者在左下角的数值框中直接输入数值后按回车键也可以调整图像的比例，如图 1-24 所示。

图 1-24 "导航器"面板

图 1-25 "视图"菜单栏

用户也可使用下列快捷方式来进行操作。

按快捷键 Ctrl+ +，则执行一次"放大"命令，页面内的图形就会按照一定比例放大。

按快捷键 Ctrl+ -，则执行一次"缩小"命令，页面内的图形就会按照一定比例缩小。

按快捷键 Ctrl+空格键，则鼠标指针变成放大镜，在页面中想要放大的位置进行单击或框选，图形就会按照一定比例放大。

按快捷键 Ctrl+空格键+Alt，则鼠标指针变成缩小镜，在页面中想要缩小的位置进行单击或框选，图形就会按照一定比例缩小。

按快捷键 Ctrl+0，在放大图像时，窗口就会和屏幕尺寸相适应。此时图像会最大限度地显示在工作界面，并保持其完整性。

按快捷键 Ctrl+Alt+0，可将图像按 100%的比例，即以实际像素比例显示。

1.4.3 更改屏幕显示模式

在 Photoshop CS3 中，提供了 4 种不同的屏幕显示模式，分别是标准屏幕模式、最大化屏幕模式、带有菜单栏的全屏模式和全屏模式，如图 1-26 所示。同样地，可以利用快捷键 F 切换屏幕显示模式，连续按住 F 键便可在 4 种显示模式之间转换，效果如图 1-27～图 1-30 所示。

图 1-26 屏幕显示模式按钮及其子命令

图 1-27 标准屏幕模式显示　　　　　图 1-28 最大化屏幕模式显示

图 1-29　带有菜单栏的全屏模式显示　　　　图 1-30　全屏模式显示

1.4.4　隐藏工具箱及面板

处理图片时，为了在编辑过程中查看整体效果，可以将工具箱、面板和属性栏进行隐藏，按住 Tab 键可以实现此种转化。另外，按快捷键 Shift +Tab，可以单独对面板进行显示隐藏控制。

1.4.5　抓手工具

在 Photoshop CS3 中，"抓手工具"主要是用来移动画布，以改变图像在窗口中的显示位置。双击"抓手工具"，图像将自动调整大小以适合屏幕的显示范围。选中抓手工具，属性栏将显示如图 1-31 所示的状态。通过单击属性栏中的 3 个按钮，即可调整显示图像。当窗口小于画布大小的时候，用户可以通过"抓手工具"在窗口中左右移动画布；如果窗口等于或大于画布时，则无效。

在操作中用户也可以通过快捷键达到与之相同的功能。当用户进行图像编辑时，按空格键就可以转换为"抓手工具"。

图 1-31　"抓手工具"属性栏

1.4.6　调整图像大小

在 Photoshop 中，可使用菜单"图像"|"图像大小"命令来调整图像大小。

打开一张图像，然后执行菜单"图像"|"图像大小"命令或按快捷键 Ctrl+Alt+I，打开"图像大小"对话框，如图 1-32 所示。

在对话框中可设置图像的像素大小、文档大小和分辨率。

"像素大小"栏中的数字表示当前文件的大小，如果改变了图像的大小，"像素大小"后面会显示改变后的图像大小，并在括号内显示改变前的图像大小。如果要保持当前像素宽度和高度的比例，则选择"约束比例"复选框，这样在"像素大小"区域宽度和高度的右边就会出现连接符号，表示锁定长宽的比例。若要改变图像的比例，可取消勾选"约束比例"复选框。

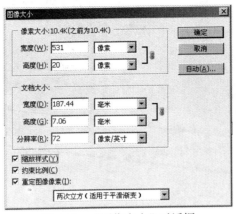

图 1-32　"图像大小"对话框

在"文档大小"栏中可设定图像的高度、宽度以及分辨率。

如果要图层样式的效果随着图像大小的缩放而调节，则选中"缩放样式"复选框。只有选择了"约束比例"复选框，"缩放样式"复选框才会处于可选择状态。

如果选中"重定图像像素"复选框，可以改变图像的大小。如果图像变小，也就是减少图像中的像素数量，对图像的质量没有太大影响；若增加图像的大小，或提高图像的分辨率，也就是增加像素，则图像就根据此处设定的差值运算方法来增加像素。

如果取消勾选"重定图像像素"复选框，则"文档大小"栏中的选项都会被锁定，也就是说图像的大小被锁定，总像素数量不变。当改变高度和宽度值时，分辨率也同时发生变化，增加高度，分辨率就会降低，但两者的乘积不变。

1.4.7　调整画布大小与方向

图像画布尺寸的大小是指当前图像周围的工作区间的大小，用户可以通过单击菜单"图像"|"画布大小"命令或者按快捷键 Ctrl+Alt+C，打开"画布大小"对话框，在其中对图像进行裁剪或者增加空白区，如图 1-33 所示。

图 1-33　"画布大小"对话框

"当前大小"栏中显示的是当前文件的大小和尺寸。

"新建大小"栏用于重新设定图像画布的大小,其中利用"定位"选项可以调整图像在新画面中的位置,可偏左、居中或者左上角等。

画布扩展示意图如图 1-34 所示。

图 1-34　画布扩展示意图

如果用户设置的尺寸小于原尺寸,则按所设宽度和高度沿图像四周裁剪,反之,则在图像四周增加空白区。增加空白区时,背景层的扩展部分将以当期背景色填充,其他层的扩展部分将为透明区。示例效果如图 1-35 和图 1-36 所示。

图 1-35　调整画布前

图 1-36　调整画布后

画布大小设定好以后,用户可以通过单击菜单"图像"|"旋转画布"命令等来控制画布的呈现方式。

1.4.8　裁剪图像

虽然用户可以利用设置画布大小来裁剪图像,但这种方式不太直观,在 Photoshop CS3 中,可以使用工具箱中的"裁切工具"。裁切图像前,先选择"裁切工具",然后在图像中单击裁切区域的第一个角点,并拖动光标至裁切区域的对角点,如图 1-37 所示。

图 1-37　裁切图像

用户如果选定裁切区域时同时按下 Shift 键，则可以选择一个正方形区域；如果同时按下 Alt 键，则选取以开始点为中心的裁切区域；若同时按下快捷键 Shift+Alt，则选取以开始点为中心的正方形裁切区域；在拖动"裁切工具"时按住 Ctrl 键，可防止选框吸附在图片边框上。选定裁切区域后，为了更明显地查看裁切的效果，可以在选定裁切区域后的属性栏中设置不透明度 不透明度: 75% 。

1.4.9　标尺和参考线

使用标尺与参考线可以便于用户将图像元素放在指定的位置中，起到辅助绘图的作用。

执行菜单"视图"|"标尺"命令或按快捷键 Ctrl+R 调出标尺，然后单击图像窗口中的标尺并将其水平或垂直拖动即可。在默认的情况下，标尺的单位是厘米，用户可以执行菜单"编辑"|"首选项"|"单位和标尺"命令，在其对话框中设置其他单位等，如图 1-38 所示。同时，也可在"首选项"对话框中设置其他属性，包括界面，文件处理，性能，显示与光标，透明度与色域，单位与标尺，参考线、网格、切片与计数，插件与存盘和文字。

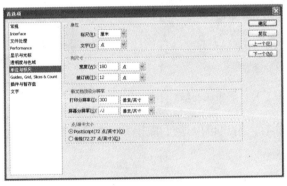

图 1-38　"单位与标尺"对话框

如果要拖动参考线的位置，可按住 Ctrl 键将光标放置在参考线上，然后拖动参考线到新位置。用户也可以将工具切换到工具箱中的"移动工具"，然后将鼠标定位在参考线上，拖动参考线到新的位置。

如果要使参考线和标尺上的刻度相对应，则在按住 Shift 键的同时拖动参考线。如果想改变参考线的方向，则在按住 Alt 键的同时单击或拖动参考线，原本横向的参考线就会变成纵向，原本纵向的参考线就会变成横向。

此外，用户还可以根据需求通过单击"视图"菜单中选择相应的命令对参考线进行新建、锁定和删除等操作。

用户也可以改变原点的位置，方法是将鼠标放在左上角的横向坐标和纵向坐标相交处，并向外拖动。如果想要恢复原点的位置，只要用鼠标双击左上角的横向坐标和纵向坐标的相交处就可以了。

1.4.10 还原和重做

用户在处理图像时，可能经常要使用还原和重做，常用的方法有以下几种。

方法一：使用菜单命令。

在进行图像处理时，最近所进行的操作会出现在"编辑"菜单中的第一条位置上。该位置开始的内容为"还原"命令，当执行了某项操作后，则变为"还原……操作"，单击该菜单，系统将撤销前面所进行的操作，此时命令将变为"重做状态更改"，单击该命令又将重复前面所进行的操作，该命令将变为"还原状态更改"。另外，利用菜单"编辑"|"前进一步"|"后退一步"，也可执行"还原"命令，但只能撤销最近进行的一步操作，如图 1-39 所示。

图 1-39　"编辑"菜单命令还原与重做

方法二：使用快捷方式。

重做或还原一步的快捷键是 Ctrl+Z，它只能往复进行重做或还原一步。

还原多步的快捷键是 Ctrl+Alt+Z。

重做多步的快捷键是 Ctrl+Shift+Z。

方法三：使用"历史记录"面板。

"历史记录"面板是一个具有多次恢复功能的面板，系统默认值为最多恢复 20 次，单击菜单"窗口"|"历史记录"命令即可显示"历史记录"面板，如图 1-40 所示。

图 1-40　"历史记录"面板

在"历史记录"面板中单击记录过程中的任意一个画面，图像就会恢复到该画面的效果。单击灰色的退回画面，则可以重新返回该画面的效果。单击"历史记录"面板中的"向前一步"或者"后退一步"命令，都可以向下或向上移动一个画面。单击"创建新快照"

按钮![按钮图标]，可以将当前状态的图像保存为新快照，使用新快照可以在历史记录被清除后对图像进行恢复。单击![按钮图标]按钮，可以为当前状态的图像或者快照复制一个新的图像文件。

1.4.11　定义自己的工作区

Photoshop 允许用户将常用的面板布局定义为自己的工作区并保存下来，以备再次使用，或者与其他用户分享。工作区可可以让用户摆脱窗口中面板杂乱无章的困扰，针对不同的用途可以使用不同的工作区，从而有效地提高工作效率。

保存自定义工作区

（1）根据需要在窗口中排列所需的面板布局。

（2）选择菜单"窗口"|"工作区"|"存储工作区"，在弹出的对话框中输入工作区名称，如"My"。单击 OK 按钮即可保存自定义的工作区。

（3）如果要使用已经自定义的工作区，则可以选择菜单"窗口"|"工作区"|"My"即可。

1.4.12　定义 Photoshop 首选项

Photoshop 的各种预置选项全部集中在"首选项"对话框中，其中包括"常规"选项、"文件处理"选项、"光标"选项、"透明度与色域"选项、"文字"选项等。这非常有利于用户进行设置。只要按快捷键 Ctrl+k 即可激活并显示预置对话框。使用 Photoshop 预置可以为用户提供最大化的优化：如何进行 Photoshop 的显示、隐藏，或者在界面上显示所需要的内容，并最大限度地提高 Photoshop 的作业性能。每次退出应用程序时都会存储首选项的设置。

1.5　选区

选区的创建是基础又困难的操作。各种选择选区工具的正确选择和使用是提高工作效率和质量的方法之一。在图像处理中，Photoshop CS3 提供了多种创建选区工具，以根据不同的图像特征选择正确选区工具来获取高质量的图片目的。

创建选区的基本方法主要通过 3 种工具来实现，即选框工具、套索工具和快速选择工具。

1.5.1　选框工具

选框工具使用比较简单，用来载入比较规则工整的选区，其中包括"矩形选框工具"、"椭圆选框工具"、"单行选框工具"及"单列选框工具"，如图 1-42 所示。

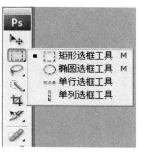

图 1-42　选框工具的类别

"矩形选框工具"的使用方法：用鼠标左键单击工具箱中的▣按钮，然后单击图片区域，并拖动矩形大小到合适位置。单击工具箱中的▣按钮后，属性栏显示如图 1-43 所示。

图 1-43　工具的属性栏

- 新选区▣：表示制作新选区，是 Photoshop CS3 中默认的选区方式。
- 添加到选区▣：表示在原有选区的基础上，加选其他选区。
- 从选区减去▣：表示在原有选区的基础上，减去其他选区。
- 与选区交叉▣：表示在原有选区的基础上，重合所有选区。
- 羽化：将改变对图形边缘进行"模糊"的程度，使图像边缘得到良好的过渡。效果如图 1-44 和图 1-45 所示。

图 1-44　羽化前的图片

图 1-45　羽化 20px 后的图片

- 消除锯齿：选中该复选框可对选区的边缘的锯齿之间填入介于边缘和背景的中间色调的色彩，从而使锯齿的硬化边缘变得较为平滑。
- 样式：选取图片的方式，在 Photoshop CS3 中有 3 种样式，如图 1-46 所示。

图 1-46　样式的类别

- 正常：是默认样式，可以随意建立选区。
- 固定比例：长与宽的比例不变，选择此复选框将激活后面的宽度和高度的文本框。
- 固定大小：通过实际的情况输入宽度和高度值确定选取的尺度。

注：同时按住 Shift 键，即可载入正方形的选区。

1.5.2　套索工具

"套索工具"用来载入不规则的选区，其中包括"套索工具"、"多边形套索工具"及"磁性套索工具"，如图 1-47 所示。

图 1-47　套索工具的类别

"套索工具"的使用：单击 ⌯⌯，按住鼠标左键不放，拖动鼠标画出所需的区域范围，在区域合并时松开鼠标。

"多边形套索工具"的使用：单击 ⌯⌯，单击所载入选区边缘节点并连接初始点。

"磁性套索工具"适用性比较广泛，常用于选取无规则的并与背景反差较大的图形。其使用方法是：单击 ⌯⌯，在要载入的区域中，按住鼠标左键拖动，其选择的范围沿区域自然闭合，如图 1-48 所示。

图 1-48　"磁性套索工具"的属性栏

"宽度"文本框：设定套索检索的范围。

"对比度"文本框：设定选区边缘的灵敏度，数值越大，边缘与背景的反差就越大。

"频率"文本框：设定选区点的速率，数值越大，标记点的数值越多，选择的区域则越精细。

"钢笔压力" ⌯⌯：设定专用笔刷的绘图板的笔刷压力。

1.5.3　快速选择工具

快速选择工具是 Photoshop CS3 新增的功能，适用于选择像素相近的区域，即以画笔为吸取单位，选取容差值范围内的像素。快速选择工具包括"快速选择工具"和"魔棒工具"，如图 1-49 所示。

图 1-49 快速选择工具的类别

1.5.4 魔棒工具

单击"魔棒工具"，其显示如图 1-50 所示的属性栏。

图 1-50 "魔棒工具"的属性栏

"容差"文本框：用于设定控制色彩的范围，即选择色彩范围的多少由属性栏上的容差值决定。容差值越大，载入选区的范围就越大，反之，则越小。

"连续"复选框：控制选区的连贯性，即色彩相似的颜色没有集中出现在一个区域，但要选择图片中所有的这些区域，单击此复选框。

"对所有图层取样"复选框：控制可见层中颜色容许范围内的色彩。

1.5.5 色彩范围

"色彩范围"命令位于"选择"菜单下，是一个利用图像中的颜色变化关系来制作选择区域的命令。它就像一个功能更加强大的魔棒工具，除了以颜色差别来确定选取范围外，还综合了选择区域的布尔运算等功能。

第一次使用该命令时，会在打开的对话框中看到一个黑色的图像预览区，当鼠标移近这个预览区时，光标会变成一个吸管形式。用这个吸管在预览区内任意处单击，这一部分便会变为白色，而其余的颜色部分会仍然保持黑色不变。单击"确定"按钮，预览区的白色部分会转化为相应的选区。

在该对话框中的"颜色容差"选项数值越高，可选的范围就越大。它的取值范围为 0～200。

对话框右边有 3 个吸管。默认选中第一个吸管，它只能进行一次选择，当选第二次时，第一次确定的选区就被取消了。如果选中第二个带加号的吸管在图像中单击，则会增加选区，用户可以多次单击，直到要选择的区域全部或基本包含进去，单击"确定"按钮。如果选中第三个带减号的吸管在图像中单击，则会减少选区，用户也可多次单击，减去多选的像素点。

1.5.6　选区的编辑

1. 选区的布尔运算

"添加到选区"选项表示在已经建立的选区之外，再加上其他的选择范围。首先在工具箱中选择一种选择工具，绘制出一个选区，然后再按住 Shift 键的同时，拖拽出另外一个选区，此时在所用工具右下角出现"+"号，松开鼠标后得到两个选择范围的并集。

"从选区减去"选项表示在原有选区的基础上，减去其他选区。首先在工具箱中选择一种选择工具，绘制出一个选区，然后在按住 Alt 键的同时，再拖拽出另外一个选区，此时在所用工具右下角出现"-"号，松开鼠标后得到两个选择范围的差集。

"与选区交叉"选项表示在原有的选区基础上，重合所有选区。首先在工具箱中选择一种选择工具，绘制出一个选区，然后在按住快捷键 Alt+Shift 的同时，再拖拽出另外一个选区，此时在所用工具右下角出现"X"号，松开鼠标后得到两个选择范围的交集。

2. 羽化选区

"羽化"选项，将改变对图形边缘进行"模糊"的程度，使图像边缘得到良好的过渡。一般采用先做选区，后羽化的方式。即做好选区后，按下快捷键 Ctrl+Alt+D，即可弹出设置选区羽化的对话框，输入合适的数值，单击"确定"按钮即可。

3. 扩大选取和选取相似

在"选择"菜单中有两个命令："扩大选取"和"选取相似"。它们的选择范围由"容差"来控制。"扩大选取"命令只作用于相邻像素。"选取相似"命令是针对图像中所有颜色相近的像素。

4. 修改命令

"平滑"命令是对那些根据像素的颜色近似程度来确定选区。利用"平滑"命令进行处理，选择区域会变得平滑许多。

"扩边"命令可对选择区域加一个边，宽度可在弹出的对话框中设定。

"扩展"命令可扩大选择范围；扩大的范围以像素为单位，可在弹出的对话框中设定。

"收缩"命令可减小选择区域。缩小的范围以像素为单位，可在弹出的对话框中设定。

5. 变形选区命令

当有浮动的选区时，选择"选择"|"变形选区"，或右键单击，在快捷菜单中选择"变形选区"，会显示带有 8 个节点的方框，拖动鼠标对方框进行缩放或旋转操作，按 Enter 键确认操作。如要取消操作，按下 Esc 键。选区变形对图像中的像素点没有影响。

1.6　颜色设定与填充

默认情况下，Photoshop 的前景色和背景色分别为黑色和白色。给画布或选区填充前景色的快捷方法是按下快捷键 Alt+Delete，给画布或选区填充背景色的快捷方法是按下快捷键 Ctrl+Delete。同时按 X 键可切换前景色和背景色。按 D 键，无论当前前景色和背景色是什么颜色，都可将前景色和背景色切换到默认的黑色和白色。

要修改前景色和背景色的颜色，Photoshop 提供了多种颜色选取和设定的方式，包括拾色器、"颜色"面板、色板等。

1.6.1　拾色器

单击工具箱中的前景色或背景色图标，即可打开"拾色器"对话框。在对话框左侧任意位置单击，会有圆圈标出单击的位置，在右上角就会显示当前选中的颜色，并且在"拾色器"对话框右下角出现对应的各种颜色模式定义的数据显示，也可以再次输入数字直接确定所需要的颜色。

1.6.2　"颜色"面板

选择菜单"窗口"|"颜色"命令，即可打开"颜色"面板。

在"颜色"面板中的左上角有两个色块用于表示前景色和背景色。对于不同的色彩模式，面板中滑动栏的内容不同，通过拖动三角滑块或输入数字可改变颜色的组成。直接单击"颜色"面板中的前景色或背景色图标也可以调出"拾色器"对话框。

1.6.3　色板

选择菜单"窗口"|"色板"命令，即可打开"色板"面板。

无论正在使用何种工具，只要将鼠标移到"色板"上，都会变成吸管的形状。单击鼠标就可改变工具箱中的前景色，按 Ctrl 键单击鼠标就可改变工具箱中的背景色。

1.6.4　吸管工具

吸管工具可从图像中吸取颜色来改变工具箱中的前景色和背景色。用此工具在图像上单击，工具箱中的前景色就会显示所选取的颜色。如果按住 Alt 键的同时在图像上单击，就会改变背景色的颜色。

同时，在使用各种绘图工具时，按住 Alt 键即可暂时切换到吸管工具，可以方便快速地改变前景色。

1.6.5　渐变工具

渐变工具用来填充渐变色。如果不创建选取，渐变工具将作用于整个图像。此工具的使用方法是按住鼠标键来拖拽，形成一条直线。直线的长度和方向决定的渐变填充的区域和方向。拖拽鼠标的同时按住 Shift 键，可保证鼠标方向是水平、垂直或 45°。

在 Photoshop 中渐变分成线性渐变、径向渐变、角度渐变、对称渐变和菱形渐变。这些渐变的使用方法相同，但产生的效果不同。

渐变颜色可以选择预定的渐变，也可自己设置渐变色。设置渐变色的方法如下：

（1）用鼠标单击渐变工具选项栏中的"渐变色条"，弹出"渐变编辑器"对话框。任意单击一个渐变图标，在"名称"后面就会显示其对应的名称，并在对话框下部的渐变色条显示渐变的效果。

（2）在渐变色条的上面和下面各有几个滑块，上面的滑块控制透明度，下面的滑块控制颜色。要修改哪个滑块就选中哪个滑块，然后或移动位置，或修改透明度，或修改颜色。调节任何一个滑块的属性后，"名称"后面的名称自动变成"自定"，用户可以进行命名。

（3）用户也可单击渐变色条的上部或下部进行滑块的添加。添加的滑块同样可以按照上面的步骤修改其属性。

（4）如果要删除颜色滑块或不透明度滑块，只要选中该滑块，拖动鼠标离开该渐变色条就可以了。渐变色条上至少要有两个颜色滑块和两个透明度滑块。

（5）颜色设定好后，单击"新建"按钮，在渐变显示窗口中就会出现新创建的渐变。单击"确定"按钮，退出"渐变编辑器"对话框。在工具选项栏的弹出面板中就会出现新定义的渐变色。

1.7　图层

1.7.1　图层概述

图层是 Photoshop CS3 中最重要的概念之一。什么是图层呢？我们打个比方：在一张张透明的玻璃纸上作画，透过上面的玻璃纸可以看见下面纸上的内容，但是无论在上一层上如何涂画都不会影响到下面的玻璃纸。最后将玻璃纸叠加起来，通过移动各层玻璃纸的相对位置或者添加更多的玻璃纸即可改变最后的合成效果。在 Photoshop CS3 中常用的图层类型包括背景图层、普通图层、文本图层、形状图层、效果图层、蒙版图层和调节图层。

1. 背景图层

背景图层位于图层面板的最底层，它是不透明的图层，其底色以背景色显示。在一幅图像中可以没有背景图层（如果有，只能有一个背景图层）。背景图层在图像编辑过程中有很多限制，一般先将其转换成普通图层，再进行处理。

2. 普通图层

普通图层一般是透明的，用户可以在其上任意添加、编辑图像。

3. 文本图层

文本图层是一种特殊的图层，用户在使用"文字工具"输入文字后，在"图层"面板上会自动生成文本图层，图标是Ｔ。用户可以通过菜单"图层"|"栅格化"|"文字"命令，将其转化为普通图层。当文字图层转化为普通图层后，将无法进行文字字体、字号等属性的修改。

4. 形状图层

当使用工具箱中的路径工具时，在其属性栏上将形状图层图标▣激活，然后在图像中对图形进行绘制。此时在"图层"面板中将会自动生成形状图层。用户也可以通过执行菜单"图层"|"栅格化"|"图层"命令，转化成普通图层。

5. 效果图层

当用户使用"图层"面板底部的"添加图层"样式ｆx时，可将当前图层添加为图层样式效果，此时在当前图层的下方会自动出现效果图层。

6. 蒙版图层

当用户使用"图层"面板底部的"添加图层蒙版"图标▣时，可将当前图层添加蒙版，此时当前图层将会转化问哦蒙版图层。

7. 调节图层

调节图层主要是存放图像色调和色彩的图层，当用户使用"图层"面板底部创建新的填充或调整图层图标◕时，可在当前图层上方新建一个图层，通过此图层可调节下方图像的色调、亮度、饱和度和色彩等。

1.7.2 "图层"面板

"图层"面板就是用来控制这些"透明玻璃纸"的工具，它不仅可以帮助用户们建立/删除图层以及调换各个图层的叠放顺序，还可以将各个图层混合处理，产生出许多意想不到的效果。"图层"面板的快捷键是 F7。

"图层"面板如图 1-51 所示。

对于"图层"面板的调用和显示，执行菜单"窗口"|"图层"命令即可。对于图层的操作，可以使用菜单命令，单击"图层"面板右上角的三角形，里面包括用于处理图层的命令，如图 1-52 所示。

图 1-51 "图层"面板

图 1-52 "图层"面板命令

1.7.3 图层的基本操作

1. 图层的创建

新创建的图层一般位于当前图层的最上方,采用正常模式和 100%的不透明度,并且依照建立的次序命名,如图层 1、图层 2 等。

最常见的图层创建方法是单击"图层"面板下方的"创建图层"按钮 ,可直接在当前图层的上方创建新图层,操作方法如图 1-53 所示,或通过快捷键 Ctrl+Alt+Shift+N。

图 1-53 创建新图层

用户也可以通过菜单来创建,执行菜单"图层"|"新建"|"图层",或按快捷键 Ctrl+Alt+N,如图 1-54 所示,此时弹出"新建图层"对话框。

图 1-54 新建图层命令

在打开的"新建图层"对话框中进行名称、颜色模式、不透明度的设置，如图 1-55 所示。

图 1-55 "新建图层"对话框

图层创建完成以后，可以使用图层组来管理图层。在"图层"面板上单击"创建新组" 或者执行菜单"图层"|"新建"|"组"命令，打开"新建组"对话框，如图 1-56 所示，可以分别设置图层组的名称、颜色、模式和不透明度，单击"确定"按钮，就可以在面板上增加一个空白的图层组，如图 1-57 所示。建立新的图层组后，可以用鼠标拖动其他图层放在图层组上，拖入的图层将作为图层组的子层放于图层组之下，如图 1-58 所示。

图 1-56 "新建组"对话框

图 1-57 空白组

图 1-58 将图层拖入组

2. 图层的复制

图层的复制，最常用的方法是在"图层"面板中选择需要复制的图层，并将其拖拽到"图层"面板下方的"创建新图层"按钮，即可在被复制的图层上方复制一个图层。

用户也可使用菜单命令，在"图层"面板中选择要复制的图层，然后在该图层上单击鼠标右键，在弹出的快捷菜单中选择"复制图层"命令，如图 1-59 所示，此时将会弹出"复制图层"对话框，如图 1-60 所示。用户可在其中设置新复制的图层的名称，选择新复制的图层所在的图像文件，最后单击"确定"按钮即可。

Photoshop CS3 技术基础

用户还可使用快捷键 Ctrl+J 来实现复制图层。

图 1-59 "复制图层"命令　　　　　图 1-60 "复制图层"对话框

除此之外，用户可以使用"移动工具" 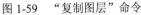+Alt 键来进行复制。在"图层"面板中选择要复制的图层，选择工具箱中的"移动工具" ，按住 Alt 键在图像窗口单击鼠标左键并拖拽，即可完成图层的复制。需要注意的是，当用户需要拖拽图层中的图像时，首先要将该图层设为当前图层，然后选择工具箱中的"移动工具" 将图层拖拽到所需要的位置上。若要拖拽图层中的部分图像，首先要为所拖拽的图像创建选区，然后使用"移动工具" ，将鼠标光标定位在选区中，按住 Alt 键（选择并复制）或 Ctrl 键（选择并剪贴）拖拽鼠标到所需位置上即可，效果如图 1-61 和图 1-62 所示。

图 1-61 按 Ctrl 键选择并剪贴　　　　　图 1-62 按 Alt 键选择并复制

3. 图层的删除

当用户想要删除某一个图层时，可以在"图层"面板中选择要删除的图层，然后将其拖拽到"图层"面板下方的"删除图层"按钮 上，即可删除图层。此外，当用户选择要删除的图层后，也可直接单击"删除图层"按钮 ，此时将会弹出如图 1-63 所示的对话框，单击"是"按钮即可。

用户也可以使用菜单命令，在"图层"面板中选择要删除的图层，执行菜单"图层"|"删除"|"图层"命令，此时弹出如图 1-63 所示的对话框，单击"是"按钮即可。

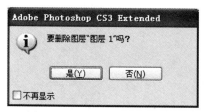

图 1-63　"删除图层"对话框

4. 图层的移动

在 Photoshop CS3 中，图层中的图像是自上而下叠放的，在编辑图像时，调整图层的叠放顺序可以使图像产生不同的处理效果。对于图层的移动，常见的方法有两种。第一种方式是在"图层"面板中选择要移动的图层，单击鼠标左键不放，当鼠标光标显示为小手形状时，拖拽图层到指定的位置，释放鼠标，此时便可以调整图层顺序了，操作如图 1-64 所示。

第二种方式是使用菜单命令，在"图层"面板中选择要调整的图层，执行菜单"图层"|"排列"子菜单命令，如图 1-65 所示，即可将所选图层前移一层、后移一层、置为顶层或置为底层，相对应的快捷键分别为 Ctrl+]、Ctrl+[、Ctrl+Shift+]、Ctrl+Shift+[。

图 1-64　图层的调序

图 1-65　图层调序菜单命令

5. 图层的对齐

在 Photoshop CS3 中，可对多个图层进行对齐处理。若将两个或两个以上的图层进行对齐，首先要在"图层"面板中选择其中一个图层作为当前图层，然后按住 Ctrl 键进行选择，再在"图层"面板上单击"链接"图标链接将要对齐的图层，如图 1-66 所示，最后执行菜单"图层"|"对齐"|"左边"命令即可，操作如图 1-67 所示。效果如图 1-68 所示。

图 1-66 图层链接

图 1-67 图层对齐菜单命令

图 1-68 对齐效果

1.8 文本工具

用户利用文本工具可以很方便地在图像中输入文本或者制作文本形状的选区，以丰富图像的内涵，并且有利于对图像进行编辑。

1.8.1 文字的输入与编辑

如果用户想在一幅图像中输入文字，可以单击工具箱中的"文字工具" $\boxed{T}$，然后在图像的任何位置创建横排或竖排文字，当单击"文字工具"按钮后，将会出现如图 1-69 所示的工具属性栏，可以对其进行字体、字号、对齐方式等各项参数设置，输入完成后，单击属性栏中的 ✓ 按钮或按快捷键 Ctrl+Enter 提交本次操作；如果按 Esc 键或单击 ◯ 按钮，则取消本次输入文字的操作。输入文字后，会在"图层"面板中建立一个文字图层，如图 1-70 所示。

图 1-69   文字工具属性栏

用户如果输入段落文字，首先应该选择"横排文字工具"，然后在图像窗口中按下左键并拖动，当图像中出现一个如图 1-71 所示的虚线框时，释放鼠标左键即可。这个虚线框的宽度将限制段落文字的宽度，将鼠标移到框线的外侧，然后按下鼠标拖动可以旋转段落文字；如果移到虚线框四周的控制点上，则可以调整其大小。

图 1-70   文字图层的添加图

图 1-71   拉取虚线框并输入文字

用户在图像输入文本后，还可以对文本进行复制、粘贴等编辑操作。这些操作方法与常用的文字处理软件的操作方法相同，用户只需将文本层设为当前图层，执行相应的操作即可。例如，输入文本以后，单击文本属性栏中的"变形文字"按钮，弹出"变形文字"对话框，用户可以在样式中进行选择设置，适当调整参数值，如图 1-72 所示。

图 1-72   变形文字效果

1.8.2   转换文字图层

文字图层不同于普通的图层，在将文字图层转换为普通图层之前，用户不能对文字图层进行大多数的操作，但可以对其进行排列和消除锯齿等操作。处理完文字后可将文字图层转换为普通层，通过单击菜单"图层"|"栅格化"|"文字"命令或者"图层"菜单项即可以对文字图层进行"栅格化"处理，如图 1-73 所示。

图1-73　栅格化文字菜单命令

1.8.3　格式化字符和段落

使用"字符"面板可以格式化单个字符或选择范围内的所有字符，将需要格式化的文字选中，然后在"文字工具"T的属性栏中单击□按钮，或者单击菜单"窗口"|"字符"命令即可弹出如图1-74和图1-75所示的"字符"面板和"段落"面板。用户可以根据需要对字符和段落的格式进行设置。

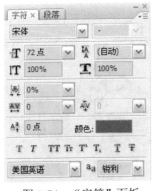

图1-74　"字符"面板

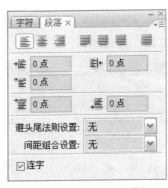

图1-75　"段落"面板

1.9　综合案例

任务目标：制作第16届亚运会网页Banner	核心技术：基本工具的综合应用
附加技术：自由变换	难度系数：☺☺☺

【任务说明】为第16届亚运会网页制作Banner。

【设计要求】① 体现亚运会主题；② 尺寸为980×174像素；③ 适合在网络上显示。

【设计效果图】

图 1-76 为第 16 届亚运会网页制作 Banner 效果。

图 1-76　综合案例效果

【操作步骤】

（1）按快捷键 Ctrl+N 新建文件，设置画布尺寸宽度为 980px，高度为 147px，分辨率设置为 72，颜色模式为 RGB，背景白色。

（2）用 Photoshop 依次将素材"1. jpg"、"2. jpg"打开，由于素材都是从网络上获得的，所以要适当做一些修整。这里主要用到"选择工具"和"裁剪工具"。裁剪后的图片如图 1-79 和图 1-80 所示。

图 1-77　1.jpg

图 1-78　2.jpg

图 1-79　裁剪后的 1.jpg

图 1-80　裁剪后的 2.jpg

（3）将修整好的图片，使用"移动工具"移动到步骤（1）新建的 Photoshop 文件中，如图 1-81 所示。按快捷键 F7 打开"图层"面板，可以看到 1 个背景层和 2 个普通图层。

图 1-81　移动文件复制

35

（4）通过观察发现，"图层1"和"图层2"上的图像相对文件要大一些，所以需要对其进行缩小操作。

（5）选中"图层1"，按快捷键Ctrl+T，图层1"亚运会标志"会显示带有8个节点的方框，按住Shift键的同时将鼠标指针移动到角落的节点上，拖动鼠标对方框进行等比例缩小，缩小到合适大小后，按Enter键确认操作，并使用"移动工具"将"图层1"移动到合适的位置，如图1-82所示。

（6）选中"图层2"，按快捷键Ctrl+T，图层2"亚运会吉祥物"也会显示带有8个节点的方框，按住Shift键的同时将鼠标指针移动到角落的节点上，拖动鼠标对方框进行等比例缩小，缩小到合适大小后，按Enter键确认操作，并使用"移动工具"将"图层2"移动到合适的位置，如图1-82所示。

图1-82　移动"图层1"和"图层2"

（7）新建一个图层，将其命名为"图层3"，并将其移动到"图层1"之下，"背景层"之上。

图1-83　移动图层

（8）为了让图片更美观，在"图层3"上添加渐变效果。渐变颜色从RGB（44,132,188）到RGB（108,180,132）。

图1-84　添加渐变效果

（9）利用"魔术工具"、"套索工具"选中"图层 1"和"图层 2"中不要的白色，按 Del 键删除。

（10）输入文字"第 16 届亚洲运动会"和"2010 The 16th Asian Games 中国广州 2010.11.12-11.27"，并设置字体、大小、颜色等。

（11）保存文件，最终效果如图 1-85 所示。

图 1-85 最终效果

1.10 习题

【任务说明】试给第 16 届亚运会设计一个 Banner。

【任务要求】

① 体现亚运会主题；

② 尺寸为 980 px×174px；

③ 适合在网络上显示；

④ 可利用综合案例中所给素材，也可自己上网搜集素材；

⑤ 有自己的想法和创意。

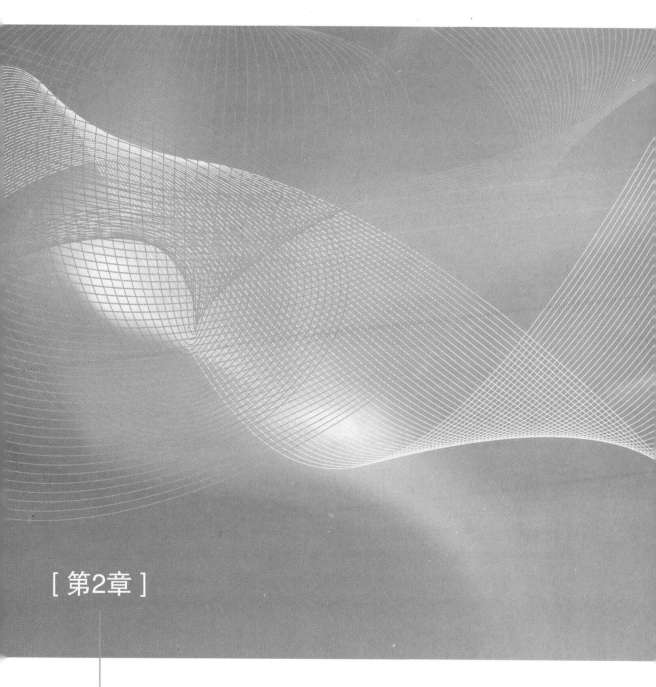

[第2章]

Photoshop
职业技能

2.1 绘画

2.1.1 关于绘画

绘画是 Photoshop 重要的职业技能之一。利用 Photoshop 的绘画功能，我们几乎可以绘制出任何想要的效果，如可以绘制插图、插画、角色、艺术背景等。Photoshop 的绘画工具包括"画笔工具"、"铅笔工具"、"渐变工具"和"路径工具"等。本节采用案例教学法，在学习案例的过程中，掌握工具的使用，同时提高绘画技能。

2.1.2 案例一：水墨画

任务目标：绘制水墨画	核心技术：画笔工具的动态设置
附加技术：铅笔工具	难度系数：☺☺☺☺

【操作步骤】

（1）按快捷键 Ctrl+N 新建文件，命名为"水墨"设置宽度为 1024px，高度为 768 px，分辨率为 72，颜色模式为 8 位 RGB 模式，背景色为白色，单击"确定"按钮。

（2）按快捷键 Ctrl+Shift+Alt+N 新建"图层 1"，命名为"树干"。选择"画笔工具"，按 D 键将前景色和背景色设为默认黑、白色，单击"画笔工具"属性栏中的"切换画笔面板"按钮，或按快捷键 F5，弹出"画笔"面板，如图 2-1 所示。单击右上角的三角按钮，弹出下拉菜单，如图 2-2 所示。选择"湿介质画笔"，弹出提示框如图 2-3 所示。单击"追加"按钮即可将"湿介质画笔"载入到"画笔"面板中。再次单击右上角的三角按钮，选择"纯文本"命令，从而将画笔显示方式变为文本方式。

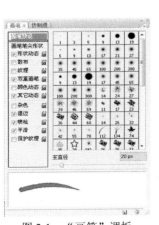

图 2-1 "画笔"调板　　　图 2-2 下拉菜单　　　图 2-3 "追加画笔"提示框

（3）绘制树干。在"画笔"面板中选择"粗糙油墨笔"，大小为 50px，绘制主干，继续设置大小为 30px，20px，绘制较细的树干，如图 2-4 和图 2-5 所示。

图 2-4　粗糙油墨笔属性框

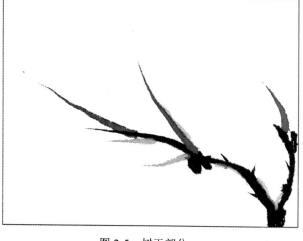

图 2-5　树干部分

（4）按快捷键 Ctrl+Shift+Alt+N 新建图层，命名为"喜鹊背部"。选择"画笔工具"中的大油彩蜡笔，如图 2-6 所示。绘制背部，大小设为 30px，改变大小与画笔角度，细化边缘，效果如图 2-7 所示。

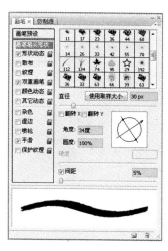

图 2-6　大油彩蜡笔属性框

图 2-7　喜鹊背部

（5）按快捷键 Ctrl+Shift+Alt+N 新建图层，命名为"喜鹊喙"。保持画笔不变，在"形状动态"中选择"渐隐"，大小为 20，如图 2-8 所示。调整画笔角度，效果如图 2-9 所示。

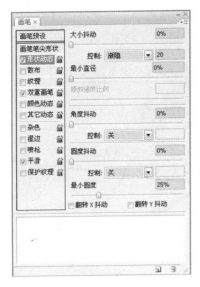

图 2-8　"形状动态"属性框　　　　　　　　图 2-9　喜鹊喙

（6）按快捷键 Ctrl+Shift+Alt+N 新建图层，命名为"喜鹊腹部"。设置前景色为"#b1afaf"，选择"干边深描油彩笔"，大小为 15px，渐隐为 130，调整画笔角度绘制腹部轮廓，如图 2-10 所示。按照步骤（2），将"自然画笔 2"载入"画笔"面板，选择"水彩 1"，大小为 30px，在"颜色动态"中设置"亮度抖动"为 100%，如图 2-11 所示，调整画笔角度涂抹腹部区域，效果如图 2-12 所示。

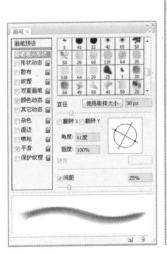
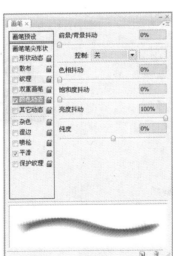

图 2-10　调整角度　　　图 2-11　"颜色抖动"属性框　　　图 2-12　喜鹊腹部

（7）按快捷键 Ctrl+Shift+Alt+N 新建图层，命名为"喜鹊尾翅"。选择"画笔工具"中的大油彩蜡笔绘制尾翅，设置如图 2-13 所示，大小设为 20px，渐隐为 150，改变大小与画笔角度，效果如图 2-14 所示。

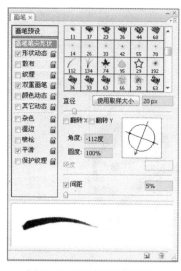

图 2-13　画笔属性设置框　　　　　　　　　　图 2-14　喜鹊尾翅

（8）按快捷键 Ctrl+Shift+Alt+N 新建图层，命名为"喜鹊脚"。选择"画笔工具"中的"半湿描边油彩笔"绘制尾翅，具体设置如图 2-15 所示，大小设为 20px，渐隐为 50，改变大小与画笔角度，效果如图 2-16 所示。

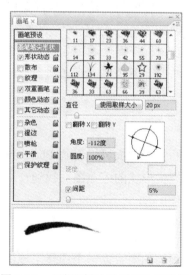

图 2-15　"半湿描边油彩笔"属性框　　　　　　图 2-16　喜鹊脚

（9）按快捷键 Ctrl+Shift+Alt+N 新建图层，命名为"花瓣"。选择"画笔工具"中的"水彩 4"绘制尾翅，在"画笔笔尖形状"中设置"间距"为 1%，"形状控制"中渐隐为 20，"颜色动态"中渐隐 15。设置前景色为"#8d0b2d"，背景色为"#e2a9b3"，最终效果如图 2-17 所示。

图 2-17　最终效果

【关键技术】

1. 画笔工具

使用"画笔工具"可绘制出边缘柔软的画笔效果，画笔的颜色为工具箱中的前景色。

画笔有画笔大小、硬度两个重要属性。按键盘上的"["和"]"键，可以控制画笔的大小；按键盘上的 Shift+[和 shift+]键，可以控制画笔的硬度。

如果想使绘制的画笔保持直线效果，可在画面上单击鼠标左键，确定起始点，然后在按住 Shift 键的同时将鼠标键移到另外一处，再单击鼠标左键，两个单击点之间会形成一条直线。

2. 预设画笔

通过"画笔工具"选项栏上的画笔弹出式面板或"画笔"面板可以看到 Photoshop 中预设了很多画笔供用户使用。通过"画笔"面板中画笔笔尖形状的缩览图，找到合适的画笔，就可以在作品中绘制了。

3. 自定义画笔

Photoshop 允许用户自定义画笔。只要将需要定义为画笔的内容以一个选择区域框选起来，然后执行菜单"编辑"|"定义画笔"命令，即可在"画笔"面板中出现一个新的画笔。

用户也可以使用工具箱中的任何一种选择工具来创建规则或不规则的选区，将选区的"羽化"值设为 0 像素，得到的是硬边的画笔。如果要得到软边的画笔，可以定义选区的时候给出不同的羽化值。

为了使画笔的效果更好，最好为画笔设定纯白色的背景。因为白色的背景在定义画笔之后，白色的部分是透明的。

自定义画笔最好使用灰度色彩，因为对于画笔来说，颜色是由当前使用的前景色来确定的，画笔只能记录画笔的形状和虚实的变化。

4. 动态画笔

动态画笔的使用，主要是对"画笔工具"面板中的参数进行适当调整。

具体参数设置如图 2-18～图 2-23。

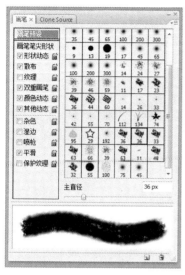

图 2-18　画笔预设

图 2-19　画笔笔尖形状

图 2-20　形状动态

图 2-21　散布

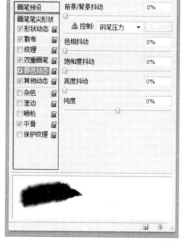

图 2-22　颜色动态

图 2-23　其他动态

画笔预设：所有画笔的控制台，可以改变画笔的显示方式、重命名及删除画笔。

画笔笔尖形状：包括画笔的直径、硬度、间距、圆度、角度等的调整。

形状动态：包括大小抖动、最小直径、角度抖动、圆度抖动和最小圆度。形状"控制"

中可以设置为"渐隐"，绘制的笔触会从粗到细变成锥形，渐隐长度控制画笔的长度。"最小直径"用于控制渐隐末端画笔的最小直径，该值为 0%时，为锐利的锥形，随着数值的增大，末端画笔的最小直径也随之增大；该值为 100%时，渐隐失去效果。

散布：分别用来设置散布、双轴、数量和数量抖动参数。

颜色动态：包括前景/背景抖动、色相/饱和度/亮度抖动、纯度抖动。例如，设置亮度抖动，画笔颜色会根据前景色和背景的亮度进行无规则的抖动，创建不规则的颜色效果；设置渐隐，可以得到前景色和背景色的过渡效果，渐隐数值越大，前景色越多。

其他动态：主要用于设置笔触的不透明度抖动和流量抖动。

5. 铅笔工具

"铅笔工具"和"画笔工具"用法基本一致，不同的是，"画笔工具"可以通过不同大小的像素和虚实效果调整出不同粗细、不同软硬程度、不同形状的线条，而"铅笔工具"只能通过像素大小的设置绘制出不同粗细的"硬边"线条。

2.1.3　案例二：绘制球体

任务目标：绘制球体	核心技术：渐变编辑器的颜色设置
附加技术：减淡工具、加深工具	难度系数：☺☺

【操作步骤】

（1）新建文件或按快捷键 Ctrl+N，设置宽度为 1024 像素，高度为 768 像素，单击"确定"按钮，如图 2-24 所示。

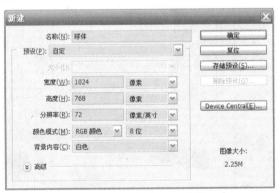

图 2-24　"新建"对话框

（2）单击"新建图层"按钮，或者按快捷键 Ctrl+Alt+Shift+N，新建一个图层，命名为"球体"。单击工具箱中的"椭圆选框工具"，按住 Shift 键的同时，拉出一个圆形的选取，如图 2-25 所示。

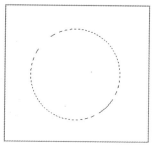

图 2-25　圆形选区

（3）单击工具栏中的"渐变工具" 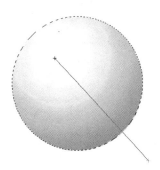，或者按快捷键 G，在渐变工具属性栏中选择径向渐变方式 ▣，单击可编辑渐变按钮 ▬▬▬▬▬，弹出"渐变编辑器"对话框，参数设置如图 2-26 所示。

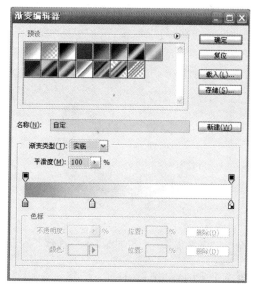

图 2-26　"渐变编辑器"对话框

（4）按住鼠标左键，斜向下拉，即可在选区中形成渐变，如图 2-27 所示。

图 2-27　渐变效果

（5）选择工具箱中的"减淡工具" 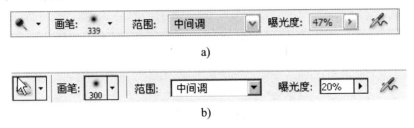，或者按快捷键 O，设置范围为"中间调"，曝光度为"47%"，参数设置如图 2-28(a)所示，在球体的左上侧进行涂抹，使之产生立体效果，如图 2-29 所示。

（6）选择工具箱中的"加深工具" ，或者按快捷键 O，设置范围为"中间调"，曝光度为"20%"，参数设置如图 2-28(b)所示，在球体的右下侧进行涂抹，使之产生立体效果，如图 2-29 所示。

a)

b)

图 2-28 "减淡工具"和"加深工具"属性栏

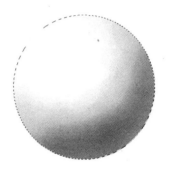

图 2-29 "减淡工具"和"加深工具"涂抹之后的效果

（7）制作阴影。按快捷键 Ctrl+Shift+Alt+N，新建一个图层，命名为"阴影"，图层如图 2-30 所示。

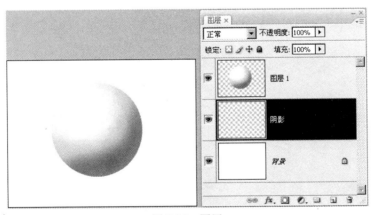

图 2-30 图层

（8）在"阴影"图层中绘制一个椭圆形选区，按快捷键 Ctrl+Alt+D，设置"羽化"为 10 像素。再一次使用"渐变工具"，方法同步骤（6）。效果如图 2-31 所示。

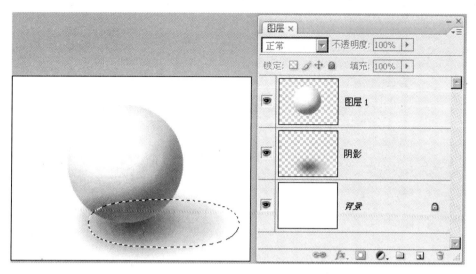

图 2-31　绘制椭圆选区及渐变后的效果

（9）保存文件。最终效果如图 2-32 所示。

图 2-32　最终效果

2.1.4　案例三：壶口彩虹

任务目标：绘制彩虹	核心技术：渐变编辑器的颜色设置
附加技术：橡皮擦工具	难度系数：☺☺☺

【操作步骤】

（1）打开素材图像"壶口.jpg"或按快捷键 Ctrl+O，在素材库中找到"壶口.jpg"，如图 2-33 所示。

图 2-33　打开文件"壶口"

（2）在"图层"面板下方单击"新建图层"按钮，新建一个图层，命名为"彩虹"，或者按快捷键 Ctrl+Alt+Shift+N，同样可以新建一个图层，如图 2-34 所示。

图 2-34　新建图层

（3）单击工具栏中的"渐变工具"，在"渐变工具"属性栏中选择径向渐变方式，如图 2-35 所示。单击可编辑渐变按钮，弹出"渐变编辑器"对话框。

图 2-35　"渐变工具"属性栏

（4）调整色标，分别选中"蓝""黄"和"红"色，并将 3 个色标移动到 70%～80% 的位置处。

（5）调节不透明度色标，分别设置左右两边的不透明度为 100%，中间的不透明度为 0%，设置完成后单击"确定"按钮即可，如图 2-36 所示。

图 2-36 "渐变编辑器"对话框的参数设置

（6）选择"图层 2"，按住鼠标左键斜向上拉，松手即可出现一条三色彩虹，如图 2-37 所示。按快捷键 Ctrl+T，对彩虹进行变形，并使用"移动工具" ，调整彩虹的位置，使之横跨于天空，效果如图 2-38 所示。

图 2-37　渐变彩虹

图 2-38　调整彩虹的位置

（7）对彩虹进行修饰。选择"彩虹"图层，设置其"不透明度"为 64%和"填充"为 68%。参数设置如图 2-39 所示。效果如图 2-40 所示。

图 2-39　设置"不透明度"和"填充"

图 2-40　"不透明度"和"填充"效果

（8）选择"橡皮擦工具" ，在其工具属性栏中设置"画笔"大小为463像素，"流量"为54%，设置如图2-41所示，分别在彩虹的左右两端进行擦出，产生若隐若现的感觉，最终效果如图2-42所示。

图2-41　"橡皮擦工具"属性栏

图2-42　最终效果

【关键技术】

1. 渐变工具

"渐变工具"属性栏如图2-43所示。

图2-43　"渐变工具"属性栏

"渐变工具"属性栏中，渐变样本显示框 主要用来显示渐变样本，如图2-44所示。例如，第一个渐变是从前景色到背景色，是动态的，会随着前景色和背景色发生改变；第二个渐变式从前景色到透明，也是动态的，用户可以在使用的过程中灵活应用。

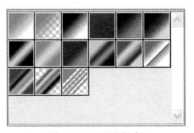

图2-44　预设渐变

渐变方式 主要用来快速切换渐变方式，分别是线性渐变、径向渐变、角度渐变、对称渐变和菱形渐变5种效果，效果如图2-45～2-48所示。

图 2-45　线性渐变效果　　图 2-46　径向渐变效果　　图 2-47　角度渐变效果　　图 2-48　菱形渐变效果

模式：在此下拉菜单中可以设置绘制渐变时与图像混合的模式。

不透明度：设置渐变整体的透明属性。

反向：选择该选项后可将当前的渐变变为相反方向的渐变。

透明区域：使当前的渐变按设置呈现透明效果，从而使下层图像区域透过渐变显示出来。

渐变编辑器对话框如图 2-49 所示。

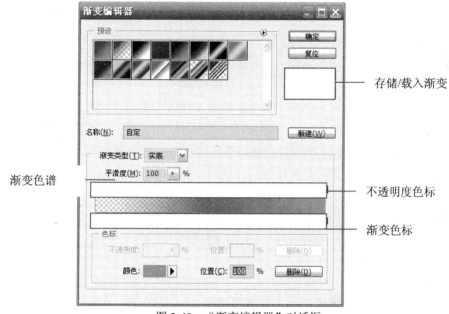

图 2-49　"渐变编辑器"对话框

对于"渐变编辑器"对话框的参数设置，主要是编辑"不透明度滑块"和"颜色滑块"，使之产生用户预期效果。

不透明度滑块：在该区域的空白处单击即可添加一个新的不透明度滑块，用于制作透明渐变，且可以左右移动位置以调整对应的渐变位置。在滑块区域，用户可以在"不透明度"文本框中输入数值，用于设置当前色标的透明属性，单击右边的"删除"按钮，即可去掉色标。

颜色滑块：在该区域的空白处单击即可添加一个新的颜色滑块，它用于控制渐变中的颜色及其位置。选择该色标后，单击"颜色"，弹出"拾色器"对话框可以改变色标的颜色；单击右边的"删除"按钮，即可将此色标删除。

2. 加深工具、减淡工具、海绵工具

加深工具、减淡工具、海绵工具主要用来调整图像的细节部分，可使图像的局部变淡、变深或色彩饱和度增加或降低。

减淡工具可使细节部分变亮，类似于加光。单击减淡工具，在其工具选项栏中设置"范围"及"曝光度"，曝光度越高，减淡工具的效果越明显。

加深工具可使细节部分变暗，类似于遮光。单击加深工具，在其工具选项栏中设置"范围"及"曝光度"，曝光度越高，减淡工具的效果越明显。

海绵工具用来增加或降低颜色的饱和度。单击工具箱中的海绵工具，在其工具选项栏中选择"加色"选项增加图像中某部分的饱和度，选择"去色"选项减少图像中某部分的饱和度。同时可以设置不同的"流量"来控制加色或去色的程度。

3. 自由变换

使用自由变换，可以对整个图层、图层中选中的部分区域、多个图层、图层蒙版，甚至路径、矢量图形、选择范围和 Alpha 通道进行缩放、旋转、斜切和透视等操作。

选中图层或对象后，按快捷键 Ctrl+T，可看到图像的四周出现带有 8 个把手的矩形框，同时矩形框的中心有一个标识用来标识缩放或旋转的中心参考点。

拖曳矩形框上任何一个把手进行"缩放"，按住 Shift 键可按比例缩放。

将鼠标移动到矩形框上的角把手和边框把手处时，按住 Shift 键以保证旋转 15° 递增。

按住 Alt 键时，拖曳把手可对图像进行"扭曲"操作。按住 Ctrl 键时，拖曳把手可对图像进行"自由扭曲"操作。

按住 Ctrl+Shift 键时，拖曳边框把手可对图像进行"斜切"操作。

按住 Ctrl+Alt+Shift 键时，拖曳角把手可对图像进行"透视"操作。

4. 橡皮擦工具

"橡皮擦工具"可将图像擦除至工具箱中的背景色。

"橡皮擦工具"和画笔一样具有有画笔大小、硬度两个重要属性。按[和]键，可以控制橡皮擦的大小。按快捷键 Shift+[和快捷键 Shift+]，可以控制橡皮擦的硬度。

"橡皮擦工具"有一个重要的应用就是设置较小的硬度（如 0%）来擦除图像中的部分像素，可以很好地实现图像与其他图层之间的融合。

2.1.5 案例四：绘制路径花边

任务目标：绘制路径花边	核心技术：路径的创建和编辑
附加技术：图层样式设置	难度系数：☺☺

【操作步骤】

（1）新建文件或按快捷键 Ctrl+N，设置"宽度"为 1024 像素，"高度"为 768 像素，单击"确定"按钮，如图 2-50 所示。

图 2-50　"新建"对话框

（2）导入所要修饰的背景图片，命名为"乡村"。

（3）新建"图层 1"，单击"钢笔工具" ，在图层的左上角绘制路径，命名为"路径 1"。绘制过程中可以通过"添加锚点工具" 和"删除锚点工具" 、"直接选择工具" 、"转换点工具"等使绘制的路径曲线柔和平滑，如图 2-51 所示。

图 2-51　路径编辑

（4）打开"路径"面板，单击底部的"将路径作为选区载入"按钮 ，或者使用快捷键 Ctrl+Enter 将路径转换为选区，效果如图 2-52 所示。

图 2-52　路径转换为选区

（5）设置前景色为白色，按快捷键 Alt+Delete 进行填充，并按快捷键 Ctrl+D 取消选区。

（6）打开"路径"面板，单击下方的"新建路径"按钮，新建一个路径层，继续绘制不同形态的路径曲线。

（7）使用"路径选择工具" 将路径移动到合适的位置。按快捷键 Ctrl+Enter 转化成选区，然后按快捷键 Ctrl+Alt+Shift+N 新建图层，在新的图层上填充颜色，并设置"图层 2"的"填充"为 57%，"不透明度"为 100%，如图 2-53 和图 2-54 所示。

图 2-53　填充白色　　　　　　　　图 2-54　设置"填充"和"不透明度"

（8）画好一个路径并填充颜色后，再次打开"路径"面板，单击下方的"新建路径"按钮，新建一个路径层，继续绘制路径，调整路径，移动到合适位置，转化成选区，新建图层，填充颜色，直到达到如图 2-55 所示的效果。

图 2-55　绘制路径

（9）选中"图层 4"，按快捷键 Ctrl+E 向下合并图层，把"花边"图层全部合并，并重新命名为"花边上"。双击"花边"图层的小图标，弹出"图层样式"对话框，如图 2-56所示，设置阴影效果，如图 2-57 所示。

图 2-56　"图层样式"对话框　　　　　　　　图 2-57　阴影效果

（10）采用同样的操作，如图 2-58 所示，绘制"花边下"，最终效果如图 2-59 所示。

图 2-58 操作步骤

图 2-59 最终效果

2.1.6 案例五：视觉艺术—飞扬

任务目标：视觉艺术—飞扬	核心技术：矢量图像
附加技术：路径、图层样式	难度系数：☺☺☺

【操作步骤】

（1）按快捷键 Ctrl+N，设置"宽度"为 1024 像素，"高度"为 768 像素，命名为"飞扬"，单击"确定"按钮，如图 2-60 所示。

（2）单击"新建图层"按钮，或者按快捷键 Shift+Alt+Ctrl+N 新建"图层 1"，命名为"渐变色"。单击"渐变工具"，弹出"渐变编辑"对话框，如图 2-61 所示，设置渐变色颜色为"#f9bc0c"和"#ef2a24"，渐变方式为"径向"方式，效果如图 2-62 所示。

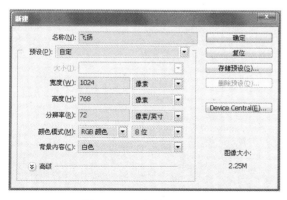

图 2-60 "新建"对话框

图 2-61 "渐变编辑器"对话框

图 2-62　渐变效果

（3）按快捷键 Shift+Alt +Ctrl+N 新建"图层 3"，命名为"线条"，如图 2-63 所示。选择工具箱中的"直线工具" ，在窗口右上角绘制直线路径，命名为"路径 1"，如图 2-64 所示。最终效果如图 2-65 所示。

图 2-63　新建图层

图 2-64　绘制直线路径

图 2-65　路径效果图

（4）单击工具箱中的"画笔工具" ，设置"画笔"大小为 3 像素，前景色为"#f9bc0c"，单击"路径"面板下的"画笔描边路径"按钮 ，即可在窗口得到画笔描边图形，效果如图 2-66 所示。

图 2-66　画笔描边效果

（5）按快捷键 Shift+Ctrl+N 新建"图层 4"，命名为"图标"，如图 2-67 所示。单击工具箱中的 ，选择"自定义形状" ，绘制路径，保存为"路径 2"，如图 2-68 所示。使用"画笔工具" 描绘路径，效果如图 2-69 所示。

图 2-67　新建图层

图 2-68　新建路径

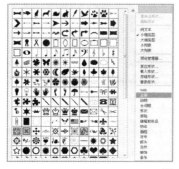

图 2-69　绘制路径

（6）按快捷键 Shift+Alt+Ctrl+N 新建"图层 5"，命名为"叶 1"。单击工具箱中的，
选择"自定义形状"，绘制路径，如图 2-70 所示，保存为"路径 3"，如图 2-71 所示。
选择"路径"面板底部的"路径转化为选区"按钮，填充黑色，效果如图 2-72 所示。

图 2-70　绘制叶子路径

图 2-71　保存"路径 3"

图 2-72　填充效果

（7）按快捷键 Shift+Ctrl+N 新建"图层 6"、"图层 7"、"图层 8"，同样的方法绘制"叶 2"、"叶 3"和"叶 4"，操作步骤如图 2-73 所示。按快捷键 Ctrl+T 对叶子进行旋转操作，最终效果如图 2-74 所示。

图 2-73　绘制路径　　　　　　　　　　　图 2-74　叶子效果

（8）按快捷键 Shift+Alt+Ctrl+N 新建图层，命名为"树干"。使用"铅笔工具" ，设置"画笔"大小为 17 像素，"模式"为"溶解"，绘制树干，效果如图 2-75 所示。

图 2-75　树干效果

（9）按快捷键 Shift+Ctrl+N 新建图层，命名为"草地"。单击工具箱中的"画笔工具" ，切换到"画笔"面板 ，勾选"形状动态"、"散布"和"颜色动态"，参数设置如图 2-76～图 2-79 所示。

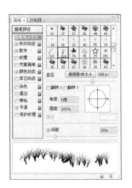

图 2-76　画笔笔尖设置　　图 2-77　形状动态　　图 2-78　散布　　图 2-79　颜色动态

（10）绘制草地，打开"图层样式"对话框，参数设置如图 2-80～图 2-82 所示，最终效果如图 2-83 所示。

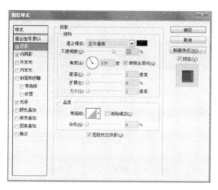

图 2-80 "阴影"设置

图 2-81 "内发光"设置

图 2-82 "光泽"设置

图 2-83 草地效果

（11）按快捷键 Shift+Ctrl+N 新建图层，命名为"舞者"。使用"钢笔工具"绘制人物轮廓，如图 2-84 所示，保存路径为"路径四"，用户可以使用"路径选择工具" ▶ 对锚点进行调整，最终达到满意效果，如图 2-85 所示。

图 2-84 绘制人物轮廓

图 2-85 修饰调整轮廓

（12）打开"路径"面板，如图 2-86 所示，单击"将路径转化为选区"按钮 ⬚，如图

[第 2 章]

Photoshop 职业技能

2-87 所示，填充为黑色，按快捷键 Ctrl+D 取消选区，效果如图 2-88 所示。

图 2-86　"路径"面板　　　　图 2-87　路径转化为选区　　　　图 2-88　填充效果

（13）拖曳"舞者"图层到"草地"图层的下面，如图 2-89 所示。使用"移动工具"，移到恰当的位置，效果如图 2-90 所示。

图 2-89　移动图层　　　　　　　　图 2-90　移动后的效果

（14）按快捷键 Shift+Alt+Ctrl+N 新建图层，命名为"音符"。单击工具箱中的，选择"自定义形状"和绘制路径，保存为"路径 5"，使用"画笔工具"描绘路径，效果如图 2-91 所示。

图 2-91　最终效果

【关键技术】

1. 钢笔工具组

钢笔工具组如图 2-92 所示。

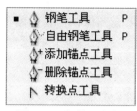

图 2-96　钢笔工具组

（1）钢笔工具。

在 Photoshop 中，使用"钢笔工具"绘制时产生的线条称为路径。路径由一个或多个直线段或曲线段组成。线段的起始点和结束点由锚点标记。通过编辑路径的锚点，可以改变路径的形状。

锚点是构成直线路径和曲线路径的最基本元素。锚点包含一些控制块和控制线，控制块确定在每个锚点上曲线的弯曲度，控制线呈现的角度和长度决定了曲线的形状。

"钢笔工具" 主要用来创建直线、曲线路径和形状。

选择"钢笔工具"，在工具选项栏中单击"路径"按钮，即可开始绘制路径，如图 2-93 所示。

图 2-93　"钢笔工具"属性栏

选择"钢笔工具" ，在绘图区单击得到第一个锚点作为路径的起始点，拖动鼠标到目标位置再次单击得到的第二个锚点作为直线段的终点，两个锚点之间自动以直线进行连接，即绘制一条直线段。

选择"钢笔工具"，在绘图区单击并拖曳鼠标来确定曲线的起点，将鼠标移至目标位置单击并拖曳，释放鼠标后系统会自动将起始点与终点进行连接，生成一条曲线。

注：按住 Alt 键的同时"钢笔工具"切换为"转换锚点工具"，可以随意拖动控制线两端的控制点，从而改变曲线的弯曲程度。

选择"钢笔工具"，在绘图区连续单击鼠标左键，进行路径的绘制，按住 Shift 键可以绘制 0° 和 45° 直线。当绘制路径的起点和终点重合时，路径关闭，此时称为闭合路径。如果在没有闭合路径时之前，按 Ctrl 键，在图像的任意位置单击鼠标左键，可结束该路径的绘制，此时称为开放式路径。

（2）"钢笔工具"属性栏。

"形状图层"按钮：创建以前景色为填充颜色的路径形状，并在"图层"面板中自动生成形状图层，同时在"路径"面板中以剪贴路径的形式存在。

"选中路径"将会在"路径"面板中自动生成工作路径。

"填充像素"将会以前景色填充图像，但在"路径"面板中不会生成工作路径。

选项可使"钢笔工具"具有添加和删除锚点的功能。单击路径线，可添加锚点；单击路径锚点，可将其删除。

提供了4种路径运算方式，即相加、相减、相交和重叠路径。

（3）自由钢笔工具。

"自由钢笔工具"主要用来创建任意形状的曲线路径，在工具箱中选中该工具后，只需在图像上随意拖曳，就可沿光标拖曳的轨迹生成路径。

（4）添加锚点工具。

"添加锚点工具"可以在路径上随意添加锚点，使用时，用户只需将鼠标光标放到指定位置，待鼠标光标的右下角出现"+"时单击即可。

（5）删除锚点工具。

"删除锚点工具"将鼠标光标放到想要删除的锚点位置上，待鼠标光标的右下角出现"-"时单击即可。

（6）转换点工具。

"转换点工具"主要是执行角点和平滑点之间的转换功能。当单击路径上的平滑点时，即可将其转换为角点；当单击并拖曳路径上的角点时，又可以将其转换为平滑点。

2. 路径的选择和编辑工具

（1）路径选择工具：即黑箭头。使用"路径选择工具"在路径或者图形的任何一处单击鼠标，就会将整个路径或者图形选中。

使用"路径选择工具"选择路径或者图形有两种方法：一是使用鼠标左键单击图形，即可将图形选中；二是使用鼠标拖拉出一个矩形框框选部分图形，也可将图形全部选中。

"路径选择工具"主要是对当前路径和子路径进行选择、移动、复制、变形和分布等操作，如图2-94所示。

图2-94 "路径选择工具"属性框

利用"路径选择工具"在路径上单击，即可选中该路径。被选中路径上的锚点显示为黑色的正方形，如果要同时选中多个路径，只需在选择的同时按住 Shift 键。路径选中后，即可对其进行拖曳移动操作。拖曳时，按住 Alt 键，便可以复制该路径。对于路径的变形，只需勾选工具属性栏中的"显示定界线"复选框，此时会出现定界框，用户即可对其进行变形处理。

（2）直接选择工具：即白箭头。使用"直接选择工具"可以选取成组对象中的一个对象，路径上任何一个单独的锚点或某一路径上的线段。在大部分的情况下用"直接选择工具"修改对象形状是非常有效的。

使用"直接选择工具"也有两种方法：一是使用鼠标左键单击锚点或路径，即可选中该锚点或路径；二是使用鼠标拖拉出一个矩形框框选部分图形，即可将框选的图形选中。

"直接选择工具"选中一个锚点后，这个锚点以实心正方形显示，其他锚点以空心正方形显示。如果被选中的锚点是曲线点，曲线点的方向线及相邻锚点的方向线也会显示出来。使用"直接选择工具"拖动方向线及锚点就可改变曲线形状及锚点位置，也可通过拖动线段来改变曲线形状。

3. 矢量图形

矢量图形主要包括"矩形工具"、"圆角矩形工具"、"椭圆工具"、"多边形工具"、"直线工具"，以及"自定形状工具"6种。矢量图形的工具属性栏大部分内容相同，下面以"椭圆工具"属性栏为例来进行讲解，如图 2-95 所示。

图 2-95　"椭圆工具"属性栏

绘图方式选择区：单击"形状图层"按钮时，可以在绘制图像的同时创建一个形状图层；单击"路径"按钮时，可以直接在图层中绘制路径，如图 2-96 所示；单击"填充像素"按钮时，可以在图像中绘制图像，如图 2-97 所示。

图 2-96　选择"路径"属性栏

图 2-97　选择"填充像素"属性栏

工具选择区：便于用户快捷方便地选择可以绘制形状、路径和图像的工具。

工具选项按钮：鼠标单击下三角按钮，可以弹出当前工具的选项面板，从而对当前工具进行高级设置。

例如，图 2-98 为"椭圆工具"的选项面板，"不受约束"是指可以绘制任意半径的椭圆；"圆"是指可以绘制任意半径的圆；"固定大小"是指可以通过输入指定宽和高来绘制椭圆；"比例"是指可以通过输入指定比例的宽和高来绘制椭圆；"从中心"是指绘制的椭圆从中心向外扩展。

图 2-98　椭圆选项

绘图模式区：选择绘图时形状间的运算方法。

样式：用户可以在该下拉列表中选择一种预设的图层样式，在绘制形状时就会对形状图层应用该样式。

自定义图形工具：可以绘制多种多样的图像，在"自定义形状工具"选项中单击"形状"右侧的样本缩略图，可以弹出一个下拉列表框，默认情况下的自定义形状比较少，用户可以通过单击形状列表右上角的三角按钮，在弹出的菜单中选择"全部"选项，在接下来弹出的对话框中单击"确定"按钮即可调出全部自定义形状，如图 2-99 所示。

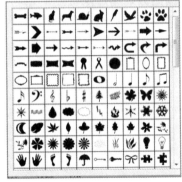

图 2-99　添加自定义形状

4. 图层样式

图层样式是用来设置图层混合模式及应用图层效果的。

用户可以在"样式"面板中看到 Photoshop 预设的各种图层样式。单击一种样式，就可以将这个样式使用到当前图层中，但不能将图层样式应用于背景图层、锁定的图层或图层组。

用户也可以通过"图层样式"对话框修改样式或创建自定样式。

单击"图层"面板底部的"图层样式"按钮，并从列表中选择效果，即可打开"图层样式"对话框，进而进一步进行参数设置。

还可以通过双击"图层"面板中的图层名称或缩览图的方式或通过"图层"|"图层样式"|"混合选项"命令，打开"图层样式"对话框。先单击对话框左边的效果列表中的效果名称，然后在右边设置选项。从左边的列中选择名称时，右边的选项也随之更改。

在"图层样式"对话框中，可设定 10 种不同的图层效果，可以将这些图层效果任意组合成各种图层样式，存放在"样式"面板中随时调用。

10 种图层效果具体内容分别如下。

- 投影：在图层内容背后添加阴影。
- 内阴影：添加正好位于图层内容边缘内的阴影，使图层呈凹陷效果。
- 外发光和内发光：在图层内容边缘的外部或内部增加发光效果。
- 斜面和浮雕：将各种高光和暗调组合添加到图层中。
- 光泽：在图层内部根据图层的形状应用阴影，一般可创建光滑的磨光效果。
- 颜色叠加、渐变叠加、图案叠加：在图层上叠加颜色、渐变或图案。
- 描边：使用颜色、渐变或图案在当前图层的对象上描绘轮廓，它对于硬边形状特别有用。

5. 两个不透明度

"图层"面板上有两个不透明度：一个叫做不透明度，还有一个叫做填充不透明度。二者都是调节某一图层的不透明度。区别在于"不透明度"设定会影响图层中的所有的像素，这其中包括执行图层样式后增加或改变的部分。例如，某一图层添加了"外发光"效果，当调整"不透明度"数值的时候，不但图层上原有的图像的不透明度发生变化，外发光效果的不透明度也会发生变化。而"填充不透明度"只影响图层中原有的像素或绘制的图形，并不影响执行图层样式后带来的新像素的不透明度。例如，上面添加了"外发光"效果的图层，当调整"填充不透明度"时，"外发光"效果的不透明度不会发生变化。

2.1.7 案例八：使用涂抹工具制作火

任务目标：制作火	核心技术：涂抹工具
附加技术：图层样式	难度系数：☺☺☺

【操作步骤】

（1）按快捷键 Ctrl+N 新建文件，命名为"火"，"宽度"为 1024 像素，"高度"为 768 像素，如图 2-100 所示。

（2）按快捷键 Ctrl+Shift+N 新建"图层 1"，设置前景色为黑色，按快捷键 Alt+Delete 填充，效果如图 2-101 所示。

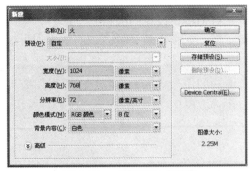

图 2-100　"新建"对话框　　　　　　　　图 2-101　填充效果

（3）按快捷键 Ctrl+Shift+N 新建"图层 2"，命名为"火"。选择"画笔工具" ，
"画笔"大小为 19px，"模式"为"正常"，"不透明度"为 100%，参数设置如图 2-102，
按住 Shift 键的同时，绘制直线，效果如图 2-103 所示。

图 2-102　"画笔工具"属性栏

图 2-103　绘制直线

（4）选择"涂抹工具" ，大小设为 40px，"模式"为"正常"，"强度"为 50%，
将白线条往上、下、左、右、旋、挑进行涂抹，得到的效果如图 2-104 所示。

图 2-104　涂抹工具的效果

（5）按快捷键 Ctrl+U 调出"色相/饱和度"对话框，设置"饱和度"为 25，勾选"着色"复选框，单击"确定"按钮，如图 2-105 所示，效果如图 2-106 所示。

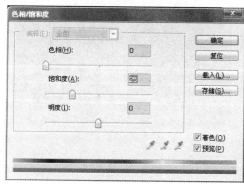 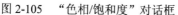

图 2-105　"色相/饱和度"对话框　　　　　图 2-106　"着色"后的图像效果

（6）按快捷键 Ctrl+B 调出"色彩平衡"对话框，分别对"中间调"、"高光"和"阴影"进行参数设置，设置对应的参数如图 2-107～图 2-110 所示。

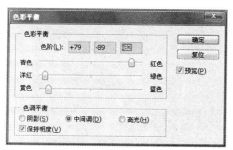
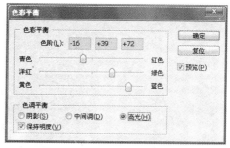

图 2-107　"中间调"参数设置　　　　　　图 2-108　"高光"参数设置

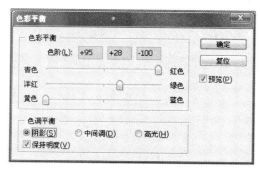

图 2-109　"阴影"参数设置　　　　　　图 2-110　"图层"面板

（7）按快捷键 Ctrl+Shift+Alt+E 执行盖印，查看效果，如图 2-111 所示。

（8）继续使用"涂抹工具" 进行修饰，如图 2-112 所示。

图 2-111　盖印后的效果　　　　　图 2-112　进一步涂抹修饰之后的效果

（9）按快捷键 Ctrl+Alt+Shift+N 新建图层，命名为"内焰"。使用"魔棒工具"，单击"添加到选区"按钮，"容差"为 32，按快捷键 Ctrl+Alt+D 执行羽化，设置羽化大小为 10px，羽化选区如图 2-113 所示。

（10）单击"内焰"图层，设置前景色为"#f8cc1d"，按快捷键 Alt+Delete 进行填充，效果如图 2-114 所示。

图 2-113　羽化选区　　　　　　　　图 2-114　填充内焰效果

（11）双击"内焰"图层的小图标，弹出"图层样式"对话框，设置外发光和内发光效果，具体参数设置如图 2-115 所示。

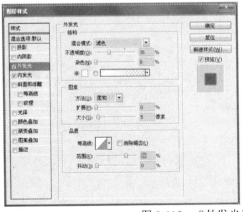

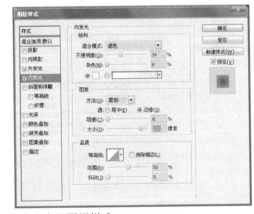

图 2-115　"外发光" / "内发光"图层样式

（12）查看效果，如图 2-116 所示。

（13）复制"内焰"图层，执行菜单"滤镜"|"极坐标"命令进行变形，得到如图 2-117
所示的效果。

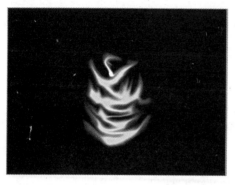 

图 2-116 "外发光"/"内发光"效果 　　　　图 2-117 火焰效果

【关键技术】

涂抹工具

"涂抹工具" 是用来模拟在未干的画面上用手指涂抹的效果，以鼠标单击位置的颜
色为初始颜色，之后沿着拖曳的方向扩展。"涂抹工具"属性栏如图 2-118 所示。

图 2-118 涂抹工具属性栏

在"涂抹工具"属性栏中，需要特别强调的是"手指绘画"。当用户勾选此复选框时，
在图像中涂抹，将会产生类似于用手指蘸着前景色在未干的图像上进行涂抹的效果，如图
2-119 和图 2-120 所示。

图 2-119 原图 　　　　　　图 2-120 涂抹后的效果

2.1.8 习题

【任务说明】绘制鼠标。

【任务提示】综合使用"绘图工具"及"颜色填充工具"完成鼠标轮廓的绘制，进而使用"加深工具"、"减淡工具"和"橡皮擦工具"完成鼠标的最后绘制，调整后的结果如图 2-121 所示。

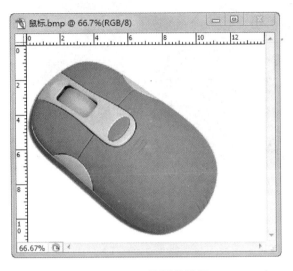

图 2-121　习题最终效果

2.2　修图

2.2.1　关于修图

Photoshop 最主要的功能就是修图。Photoshop 中提供了大量的修图工具，用户可以使用这些修图工具方便快速地制作出各种各样的图像效果。使用"裁剪工具"可以轻松裁剪出想要的尺寸，还可以校正倾斜的照片；使用"仿制图章工具"可以修复旧照片；使用"模糊工具"可以将图像进行模糊处理，得到景深效果；使用"污点修复画笔工具"可以快速修复图像上的瑕疵、斑点；使用"海绵工具"可以对图像进行提色和去色操作，使图像看起来更润泽等。

2.2.2　案例一：将照片修改设置 5 寸大小

任务目标：将照片进行打印设置	核心技术：裁剪工具
附加技术：旋转画布	难度系数：☺☺

【操作步骤】

（1）按快捷键 Ctrl+O 打开素材文件"人物"，如图 2-122 所示。

图 2-122　素材文件"人物"

（2）选择菜单"图像"|"旋转画布"|"90 度（顺时针）"命令，如图 2-123，将图片进行 90°旋转，得到如图 2-124 所示的效果。

图 2-123　"图像"/"旋转画布"子菜单

图 2-124　旋转画布后的图像效果

（3）选择工具箱中的"裁剪工具"，在工具属性栏中设置裁剪大小为 5 寸，即"宽度"为"5 英寸"，"高度"为"3 英寸"，"分辨率"为"300 像素/英寸"，如图 2-125，按 Enter 键即可。效果如图 2-126 和图 2-127 所示。

图 2-125　"裁剪工具"属性栏

图 2-126　5 寸大小裁剪

图 2-127　最终效果

（4）按快捷键 Ctrl+S 保存文件。

【关键技术】

1. 旋转画布与裁剪工具

当用户想冲印自己的数码照片时，就必须对该照片进行简单的处理。

（1）对照片进行旋转操作，使照片变"正"。选择"图像"|"旋转画布"下的命令对画布进行旋转，主要有"180 度"、"90 度"、"任意角度"、"水平翻转"和"垂直翻转"5 种。用户可根据需要自行操作，查看效果。

（2）对照片大小进行设置，实施裁剪操作。裁剪主要利用"裁剪工具"。裁剪包括"手动拖动"和"精确控制"两种。"手动拖动"是指用户可以随意拖动裁剪定界框，框内代表裁剪后图像保留的部分，框外区域的部分是被裁剪的区域。"精确控制"是指用户可以在属性栏中自定输入特定数值，这样裁剪定界框大小就被确定了，最后按 Enter 键查看裁剪后效果。

2. 常见的照片裁剪尺寸

表 2-1 中列出来常见的照片裁剪尺寸。

表 2-1　日常照片裁剪尺寸目录

尺　寸	英 寸 大 小	厘 米 大 小
1寸	1×1.5	2.6×3.9
2寸	1.5×2	3.5×4.5
5寸	5×3.5	12.70×8.89
6寸	6×4	15.24×10.16
7寸	7×5	17.78×12.70
10寸	10×8	25.40×20.32

2.2.3　案例二：消除照片折痕

任务目标：消除照片折痕	核心技术：仿制图章
附加技术：修补工具	难度系数：☺☺☺

【操作步骤】

（1）按快捷键 Ctrl+O 打开素材文件"小孩.jpg"，如图 2-128 所示。

图 2-128　素材文件"小孩.jpg"

（2）选择"裁剪工具" 将画面多余边裁去，如图 2-129 所示。

图 2-129　裁剪后的效果

（3）按快捷键 Ctrl+Alt+Shift+N 新建"图层 1"，命名为"画框"，填充为白色，并拖曳鼠标将"小孩"图层移到"画框"图层上面，如图 2-130 所示。

图 2-130　新建图层

（4）选择"小孩"图层，按快捷键 Ctrl+T 进行缩放，按住 Shift 键的同时拖曳鼠标，进行等比例缩放，效果如图 2-131 所示。

图 2-131　缩放后的效果

（5）选择工具箱中的"仿制图章工具"，设置"画笔"大小为 21px，"模式"为"正常"，参数设置如图 2-132 所示。

图 2-132　仿制图章参数设置

（6）按住 Alt 键，此时光标呈现，在图像左侧的折痕下方单击鼠标左键取得样本，然后释放 Alt 键，在折痕处单击鼠标即可覆盖折痕，适当调整画笔大小，反复修改，最终效果如图 2-133 所示。

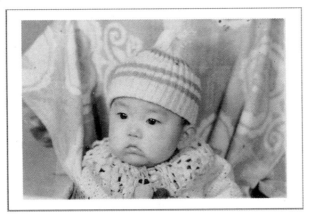

图 2-133　去除折痕的效果

（7）选择工具箱中的"污点修复画笔工具"，"画笔"大小设为 11px，"模式"为"正常"，"类型"选择"近似匹配"，参数设置如图 2-134 所示。在图像右上角的污点处单击，效果如图 2-135 所示。

图 2-134　"污点修复画笔工具"属性栏

图 2-135　使用"污点修复画笔工具"的效果

（8）单击"小孩"图层的图标，弹出"图层样式"对话框，勾选"描边"，位置"外部"，具体参数如图 2-136 所示。

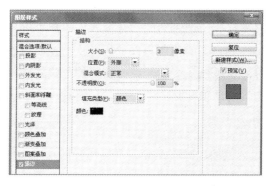

图 2-136　"描边—外部"对话框

（9）单击"画框"图层的图标，弹出"图层样式"对话框，勾选"描边"，位置"内部"，具体参数如图 2-137 所示。最终效果如图 2-138 所示。

图 2-137　"描边—内部"对话框

图 2-138　最终效果

【关键技术】

1. 仿制图章工具

"仿制图章工具"主要是用来复制图像到其他位置或其他文件中。使用"仿制图章工具"时，首先必须定义源图像，然后才可以进行复制。在"仿制图章工具"属性栏中选择一个软边和大小适中的画笔，然后将"仿制图章工具"移动到图像中，按住 Alt 键的同时单击鼠标键定义源图像，或者说是确定取样部分的起点；将鼠标指针移动到图像中另外的位置，当按下鼠标时，会有一个十字形符号表明取样位置和仿制图章相对应，拖曳鼠标就会将取样位置的图像复制下来。

"仿制图章工具"不仅可在一幅图像上操作，还可从两幅图像之间进行复制。但两幅图像之间进行复制时，不可以关闭源图像文件，否则无法使用，同时要求两张图像的颜色模式必须一致才能执行此操作。在复制图像的过程中，可改变画笔的大小及其他设定项，以达到精确修复的目的。

"仿制图章工具"属性栏如图 2-139 所示。

图 2-139 "仿制图章工具"属性栏

模式：提供了源图像和目标图像之间的混合模式，用户可以自行尝试，查看效果。

对齐：选择该复选框，则定义的源图像仅应用一次，及时操作由于某种原因停止，当再次使用"图章工具"时，仍可以从上次结束操作时的位置开始，直到重新定义源图像。

对所有图层取样：定义源图像和复制图像时，会将操作应用于所有显示图层当中。

2. "污点修复画笔工具"

"污点修复画笔工具"使用时不需要定义源图像即可进行修复，只需要在有瑕疵的地方单击即可进行修复，从而快速移去图像中的污点和其他不理想的部分。

"污点修复画笔工具"属性栏如图 2-140 所示。

图 2-140 "污点修复画笔"属性栏

模式：在该下拉列表中可以设置修复图像时与目标图像之间的混合方式。

近似匹配：表示修复图像时，将根据当前图像周围的像素来修复瑕疵。

创建纹理：修复图像时，将根据当前图像周围的纹理自动创建一个相似的纹理，从而在修复瑕疵的同时保证不改变原图像的纹理。

3. 修复画笔工具

"修复画笔工具"用于修复图像中的缺陷，并能使修复的结果自然融入周围的图像。和"图章工具"类似，"修复画笔工具"也是从图像中取样复制到其他部位，或直接用图案进行填充。和"仿制图章工具"相似,选择"修复画笔工具",按住 Alt 键确定取样起点,然后松开 Alt 键,将鼠标指针移动到要复制的位置,单击或拖曳鼠标即可。

但不同的是,"修复画笔工具"在复制或填充图案的时候,会将取样点的像素信息自然融入到复制的图像位置,并保持其纹理、亮度和层次,被修复的像素和周围的图像完美结合。

4. 修补工具

使用"修补工具"可以从图像的其他区域或使用图案来修补当前选中的区域。它与"修复画笔工具"的相同之处是修复的同时也保留图像原来的纹理、亮度及层次等信息。

在执行修补操作之前,首先要确定修补的选区,可以直接使用"修补工具"在图像上拖曳形成任意形状的选区,也可以采用其他的选择工具进行选区的创建。

5. 红眼工具

红眼是由于相机闪光灯在视网膜上反光引起的。"红眼工具"可去除闪光灯拍摄的人物照片中的红眼,也可以去除用闪光灯拍摄的动物照片中的白色或绿色反光。

要使用"红眼工具",只要打开需要修改的图像,在工具栏中选择"红眼工具",在需要修复红眼的图像处使用鼠标单击即可。

2.2.4 案例三:模拟照片景深效果

任务目标:模拟照片景深效果	核心技术:模糊工具
附加技术:画笔工具	难度系数:☺☺☺

【操作步骤】

(1)按快捷键 Ctrl+O 打开素材文件"回望.jpg",如图 2-141 所示。

图 2-141 素材文件"回望.jpg"

Photoshop职业技能

79

（2）选择工具箱中的"模糊工具" ，在"模糊工具"属性栏中选择"模式"为"正常"，"强度"为100%，对图像中景物进行涂抹，参数设置如图2-142所示。涂抹的画笔大小可遵循远大近小的原则，适当调整大小，涂抹人物身旁轮廓时，适当调弱强度，最终效果如图2-143。

图2-142　模糊工具属性栏

（3）继续进行涂抹，最终效果如图2-144所示。

图2-143　进行一定涂抹操作后的效果　　　　图2-144　最终效果

【关键技术】

模糊工具

"模糊工具" ，顾名思义，就是可以使得图像变得模糊，以更加突出局部内容。使用"模糊工具"时，通过设置"模糊工具"属性栏中"画笔"大小，来决定涂抹范围影响的大小，如图2-145所示。利用"涂抹工具"模拟景深效果时，也存在近实远虚的规律。在涂抹时要注意，远处的景物可以采用较大的画笔，近处的景物设置较小的画笔，强度也可以弱一些。

图2-145　"模糊工具"属性栏

画笔：用户可以在该下拉列表中选择一个合适的画笔，画笔的主直径越大，图像被模糊的区域也越大。

模式：提供操作时的混合模式。

强度：表示"模糊工具"操作时画笔笔划的压力值，值越大，一次操作得到的效果越明显。

对所有图层取样：勾选此复选框，"模糊工具"应用到图像的所有图层，否则，只应用到当前图层。

2.2.5 案例四：利用锐化工具恢复人物脸部细节

任务目标：恢复人物脸部细节	核心技术：锐化工具
附加技术：画笔工具	难度系数：☺☺

【操作步骤】

（1）按快捷键 Ctrl+O 打开素材文件"女性.jpg"，如图 2-146 所示。

图 2-146　素材文件"女性"

（2）选择"锐化工具"△，设置"画笔"大小为 67px，"模式"为"正常"，"强度"为 50%，如图 2-147 所示。

图 2-147　"锐化工具"属性栏

（3）使用"锐化工具"△在人物脸部轮廓处涂抹，使其变得清晰，效果如图 2-148 所示。

（4）使用同样的方法，涂抹人物肩膀和手指处的轮廓，效果如图 2-149 所示。

图 2-148　锐化人物脸部线条

图 2-149　最终效果

【关键技术】

锐化工具

与"模糊工具"相反，"锐化工具"△往往可以使模糊的图像变得清晰，常常用来显示图像细节内容。操作方法同"模糊工具"，但是需要用户注意的是，使用"锐化工具"时要适度，如果强度过大，会使图像产生颜色变异的效果。"锐化工具"属性栏，如图 2-150 所示。

图 2-150   "锐化工具"属性栏

2.2.6　案例五：增强光束效果

任务目标：增强光束效果	核心技术：减淡工具
附加技术：画笔工具	难度系数：☺☺

【操作步骤】

（1）按快捷键 Ctrl+O 打开素材文件"光束.jpg"，如图 2-151 所示。

图 2-151   素材文件"光束.jpg"

（2）选择工具箱中的"减淡工具"，设置"画笔"大小为 29px，观察图像可以看出云朵部分的亮度介于最亮和最暗的图像之间，所以"范围"选择为"中间调"，"曝光度"为 50%，参数设置如图 2-152 所示。对云朵边缘进行涂抹，效果如图 2-153 所示。

图 2-152   "减淡工具"属性栏

图 2-153　边缘减淡效果

（3）重新设置"画笔"大小为 35px，"曝光度"为 21%，沿着图像光束的路径进行涂抹，直到效果如图 2-154 即可。

图 2-154　最终效果

【关键技术】

减淡工具

"减淡工具"◙主要用来对图像进行"提亮"操作，来显示出隐藏在暗部的图像，或者用来加强图像中的光源和光线效果。"减淡工具"属性栏如图 2-155 所示。

图 2-155　"减淡工具"属性栏

范围：包括"高光"、"中间调"、"阴影"3 种，用户可以根据需要选择适当要调整的图像范围。

曝光度：表示用户操作时，图像中每涂抹一次提亮的程度。

"喷枪工具"✍：选择此工具，则涂抹时以喷枪的工作方式出现，当按住鼠标左键不放时，产生淤积效果。

2.2.7 案例六：利用"加深工具"快速修复曝光

任务目标：快色修复曝光	核心技术：加深工具
附加技术：画笔工具	难度系数：☺☺

【操作步骤】

（1）按快捷键 Ctrl+O 打开素材文件"花.jpg"，如图 2-156 所示。

图 2-156　素材文件"花.jpg"

（2）选择工具箱中的"加深工具" ，设置"画笔"大小为 30px，"范围"选择为"中间调"，"曝光度"为 50%，如图 2-157 所示。

图 2 157　"加深工具"属性栏

（3）沿着花朵边缘进行反复涂抹修饰，达到如图 2-158 所示的效果。

图 2-158　最终效果

【关键技术】

加深工具

"加深工具" 主要用来对图像进行"变暗"操作，从而产生对比度和立体感。操作方法与"减淡工具"一样。

需要注意的是，"减淡工具"和"加深工具"具有不可逆性，即使用"减淡工具"进行涂抹后的图像，使用"加深工具"不一定能完全恢复为原来的状态，用户在操作时需要进行整体的把握。

2.2.8 案例七：利用"海绵工具"为景色添色

任务目标：为景色添色	核心技术：海绵工具
附加技术：减淡工具	难度系数：☺☺

【操作步骤】

（1）按快捷键 Ctrl+O 打开素材文件"景色.jpg"，如图 2-159 所示。

图 2-159 素材文件"景色.jpg"

（2）选择"海绵工具" ⬬，设置"画笔"大小为 339px，"模式"为"加色"，"流量"为 50%，参数设置如图 2-160 所示。

图 2-160 设置参数

（3）使用"海绵工具" ⬬在图像树木部分进行涂抹，直到满意为止，效果如图 2-161所示。

图 2-161　利用"海绵工具"涂抹的效果

（4）使用"加深工具"对图像树木边缘的强光进行加深处理，产生阴影效果，如图 2-162 所示。

图 2-162　最终效果

【关键技术】

海绵工具

"海绵工具"主要是对图像进行增色和减色操作，当图像饱和度过低时，进行增色；当饱和度过高时，进行减色操作。如果对图像中局部内容颜色增加过量了，就可以利用"去色"来进行补救操作。参数设置如图 2-163 所示。

图 2-163　"海绵工具"属性栏

2.2.9　习题

【任务说明】综合使用修图工具去掉图中的文字，如图 2-164。

【任务提示】利用"仿制图章工具"、"修复画笔工具"修复瑕疵，用"加深工具"、"减淡工具"、"模糊工具"、"锐化工具"等进行细节处理。

图 2-164　示例图片

2.3　抠图

2.3.1　关于抠图

抠图，顾名思义，就是从一幅图片中将某一部分截取出来，和另外的背景进行合成。生活中的很多图像制品都经过这种加工，例如广告等，需要设计人员将模特照片中的人像部分抠取出来，然后再和背景进行合成。抠图是 Photoshop 的一项重要技能。要想合成高质量的照片，就必须掌握抠图技巧。抠图的工具有"套索工具"、"选框工具"、"快速选择工具"、"魔棒工具"、"快速蒙版工具"、"蒙版"、"钢笔工具"、"抽出滤镜"、"通道"等。在抠图过程中，要综合使用上述工具，发挥各自的优势。

2.3.2　案例一：利用"套索工具"抠图——喜洋洋

任务目标：抠取喜洋洋素材	核心技术：选择节点
附加技术：色彩平衡设置	难度系数：☺☺

【操作步骤】

（1）执行菜单"文件"|"打开"命令或按快捷键 Ctrl+O 选择图片，打开图片文件"校园风景"和"喜洋洋.jpg"，如图 2-165 和图 2-166 所示。

图 2-165　校园风景.jpg

图 2-166　喜洋洋.jpg

（2）单击"磁性套索工具"，沿着图 2-167"喜洋洋"周围的边缘不断单击，显示出节点如图 2-168 所示，直到围成一个封闭的区域。执行菜单"选择"|"反选"，按 Delete键，命名图层为"喜洋洋"。

图 2-167　羊节点

图 2-168　建立选区喜洋洋

（3）选择图层"喜洋洋"，单击"移动工具"或按快捷键 V，拖动鼠标不放直到图层"校园背景"中，命名图层为"羊"，显示如图 2-169 所示。

（4）按快捷键 Ctrl+T，调整移动羊的大小和比例，直到与符合背景的大小比例，同时单击"移动工具"，把羊图像移动到合适的位置，效果如图 2-170 所示。

图 2-169　移动后的羊

图 2-170　调整位置大小后的羊

（5）选择图层"羊"，选择"图像"|"调整"|"色彩平衡"命令，打开如图 2-171所示的对话框对图像的"阴影"、"中间调"及"高光"进行调整，直到羊的图层能够很好地与校园背景相融合，如图 2-172 所示。

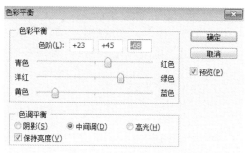

图 2-171 "色彩平衡"对话框

图 2-172 调整色彩后的羊

2.3.3 案例二: 利用"魔棒工具"抠图—— 苹果

任务目标: 抠取苹果	核心技术: 容差的设置
附加技术: 匹配色彩设置	难度系数: ☺☺

【操作步骤】

（1）执行菜单"文件"｜"打开"命令或按快捷键 Ctrl+O 选择图片，打开图片素材"苹果.jpg"和"桌子.jpg"，如图 2-173 和图 2-174 所示。

图 2-173 苹果.jpg

图 2-174 桌子.jpg

（2）选择"桌子.jpg"图片，调整桌子的色调，单击图像中的调整按钮，打开"匹配颜色"对话框，首先设置"源"目标为"苹果"，然后设置"明亮度"、"颜色强度"及"渐隐"分别为 36、60 和 11，如图 2-175 所示，调整后的结果如图 2-176 所示。

图 2-175 "匹配颜色"对话框

图 2-176 调整后的效果

（3）选择"苹果.jpg"图片，单击"魔棒工具"按钮，设置属性栏上的"容差"为50，选区如图2-177所示，再次设置调整选区的范围，调节"容差"为30时，选择"选择"中的"反选"命令，同时按Delete键删除选区，同时使用"橡皮擦工具"进行擦除，命名图层为"选区苹果"，如图2-178所示。

图2-177　容差为50的选区　　　　　图2-178　容差为30的选区

（4）双击"背景桌子"图层，使图层栅格化，使用"移动工具"，将"选区苹果"移动到"桌子.jpg"图片中，如图2-179所示，同时按快捷键Ctrl+T调整苹果的大小，单击"移动工具"调整苹果位置，如图2-180所示。

图2-179　移动苹果选区到"桌子.jpg"图片中　　　图2-180　调整苹果的位置大小

【关键技术】

魔棒工具

"魔棒工具"是一种较为常用的抠图工具，适用于选择像素相近的区域，只要单击图像区域中的像素即可载入选区的范围。利用"魔棒工具"进行抠图的素材，除了注意选区和背景像素存在差异性以外，还要注意容差范围的数值。容差值越大，载入选区范围越大；容差值越小，载入选区范围越小。

2.3.4 案例三：利用"钢笔工具"抠图——空姐

任务目标：抠取空姐素材	核心技术："钢笔工具"建立选区
附加技术：无	难度系数：☺☺☺☺

【操作步骤】

（1）执行菜单"文件"|"打开"命令或按快捷键 Ctrl+O 选择图片，打开图片素材"空姐.jpg"和"民航飞机.jpg"，如图 2-181 和图 2-182 所示。

图 2-181　空姐.jpg

图 2-182　民航飞机.jpg

（2）单击"钢笔工具"，选择"钢笔工具"属性栏中的第二个按钮 ，如图 2-183 所示。单击"空姐.jpg"身上的第一个节点，然后寻找空姐身上的第二个节点，同时按住鼠标左键不放，直到曲线的弧度和人脸的弧度相同为止，如图 2-184 所示。

图 2-183　"钢笔工具"属性栏

图 2-184　寻找第一、二个节点

（3）按住 Alt 键不放，单击图片节点中红圈的部分，将取消后面的控制摇柄，如图 2-185 所示。同时寻找空姐脸上的第三个节点，如步骤（2）的顺序执行操作。

（4）单击"将路径作为选区"载入按钮或按快捷键 Ctrl+Enter，出现如图 2-186 所示的选区。

图2-185 取消第二个节点的摇柄

图2-186 将路径载入选区

（5）单击"移动工具"，拖动鼠标左键将选区中的人物拖动到"民航飞机.jpg"图片中，按快捷键Ctrl+T调整空姐的大小，单击"移动工具"调整空姐位置，如图2-187所示。

（6）按快捷键Ctrl+S保存文件。

图2-187 将人物移动到"民航飞机.jpg"图片中

2.3.5 案例四：利用"快速蒙版工具"抠图——美女

任务目标：抠取美女	核心技术：绘制蒙版选区
附加技术："铅笔工具"的使用	难度系数：☺☺☺

【操作步骤】

（1）执行菜单"文件"|"打开"命令或按快捷键Ctrl+O选择图片，打开图片素材"汽车.jpg"和"美女.jpg"，如图2-188和图2-189所示。

图 2-188　汽车.jpg

图 2-189　美女.jpg

（2）单击"矩形选框工具"，在人物衣服上创建矩形选框，单击"快速蒙版工具" ，则图中出现了如图 2-190 所示的红色矩形选框，再用不同的铅笔形状和大小绘制成为如图 2-191 所示的形状。

在操作过程中，可反复按 Q 键，切换快速蒙版状态和非快速蒙版状态。

图 2-190　选框人物

图 2-191　人物通道全选

（3）按住 Ctrl 键，同时单击通道中的快速蒙版缩略图，此刻选区载入。选择"选择"中的"反选"，按 Delete 键删除，按住快捷键 Ctrl+D 取消选区，将"汽车.jpg"拖到图 2-192 中，调节图片的大小位置，使得整体显示出一种和谐的美感，如图 2-193 所示。

图 2-192　选区美女

图 2-193　汽车和美女

（4）单击"美女"图层，调节图片的"色相/饱和度"，使得"色相"、"饱和度"及"明度分别为"0"、"+37"及"+1"，如图 2-194 所示，调节后的效果如图 2-195 所示。

图 2-194 "色相/饱和度"对话框

图 2-195 调节后的效果

【关键技术】

快速蒙版

快速蒙版是一种临时蒙版，使用快速蒙版不会修改图形，只能建立选区。单击工具箱中的"快速蒙版工具"，或按 Q 键，即可进入快速蒙版的编辑形式。快速蒙版大多数时候用在比较难选择的区域。

在快速蒙版状态下，可以用"画笔工具"对快速蒙版进行编辑来增加或减少选区。快速蒙版状态的优势就是可以使用几乎所有的工具或滤镜对蒙版进行编辑。

在快速蒙版模式下，Photoshop 自动转换为灰阶模式，前景色为黑色，背景色为白色。当用工具箱中的绘图或编辑工具时，应遵守以下原则：当绘图工具用白色绘制时相当于擦除蒙版，红色覆盖的区域变小，选择区域就会增加；当绘图工具用黑色绘制时，相当于增加蒙版的面积，红色的区域变大，也就是减少选择区域。

2.3.6 案例五：利用"抽出滤镜工具"抠图——美女头像

任务目标：抠取美女	核心技术：抽出滤镜的使用
附加技术：色相饱和度设置	难度系数：☺☺☺

【操作步骤】

（1）执行菜单"文件"|"打开"命令或按快捷键 Ctrl+O 选择图片，打开图片素材"美女头像.jpg"和"背景花.jpg"，如图 2-196 和图 2-197 所示。

图 2-196　美女头像.jpg

图 2-197　背景花.jpg

（2）执行菜单"滤镜"|"抽出"命令，弹出"抽出"对话框，单击"边缘高光器"按钮，沿着人物与背景的中间边缘进行绘制，绘制的结果如图 2-198 所示。

（3）单击"填充工具"，导入绿线围绕的中间区域，效果如图 2-199 所示。

图 2-198　高光器图片

图 2-199　填充图片

（4）单击"预览"按钮，显示如图 2-200 所示，用"边缘修饰工具"对图片中模糊的地方进行修饰，单击"确定"按钮，效果如图 2-201 所示。

图 2-200　预览后的照片效果

图 2-201　确定后的照片效果

（5）用"套索工具"粗略地选取相框的花边，如图 2-202 所示，并将其移动到图层的最上边，如图 2-203 所示。选择"图层 1"，按快捷键 Ctrl+T 调整人物的大小，按住移动工具调整人像的位置，如图 2-204 所示。

图 2-202　图层　　　　　图 2-203　套索花边　　　　　图 2-204　最终效果

【关键技术】

1．抽出滤镜

"抽出"命令位于"滤镜"菜单下，该命令可轻松且准确地将所需的对象从前景对象中取出。该按钮对于边缘复杂或比较模糊的图片，可以轻松地提取。

2．抽出滤镜的使用方法

首先利用"边缘高光器工具"将所要提取的图像边缘标记出来，接着使用"填充工具"填充。然后单击"预视"按钮预览提取结果，并根据需要进行必要的修饰。单击"确定"按钮后，Photoshop 将提取图像的背景抹除为透明，图像边缘上的像素将丢失源于背景的颜色，这样像素就可以和新背景混合而不会产生色晕。

3．几个重要工具和属性

边缘高光器：使用"边缘高光器"工具绘制时，使用较大的画笔来覆盖细微、散乱、复杂的边缘，如融入背景的头发和树。如果物体有一个很清晰的内部，应该确保"边缘高光器"工具所描的边是封闭的。如果物体已经到了图像的边框位置，则无需对边框进行描边。如果物体不具备清晰的内部，则需要将整个物体描边，应描边到图像的边框位置。

智能高光：如果当前图像具有比较清晰的边缘，可以选择"智能高光"选项。不论当前使用的画笔大小是多少，该选项可确保在使用"边缘高光器"工具圈选图像的时候能在边缘上移动，并使得所描的边缘宽度刚好覆盖住边缘。当物体和背景有相似的颜色或纹理时，选择"智能高光"可大大提高图像提取的效率。

强制前景：如果物体特别复杂，可以利用"边缘高光器"工具覆盖整个物体，然后选择"抽出"对话框右侧的"强制前景"选项。在"抽出"对话框中选择吸管工具，然后在物体内部单击以吸取前景色，或单击"颜色"后面的色块，在弹出的拾色器中选择前景色。"强制前景"选项对于单色调图像最有效。

清除工具：若要擦掉提取区域中残留的背景痕迹，可使用清除工具。该工具可减去不透明度并具有累积效果。同时，清除工具还可以填充提取图像中的缝隙。按住 Alt 键的同时，该工具可恢复原来的不透明度。

边缘修饰工具：该工具可锐化边缘。如果物体没有清晰的边缘，可利用该工具编辑物体的边缘，可添加物体的不透明度或从背景中减去不透明度。

2.3.7　案例六：利用通道工具抠图——透明水杯

任务目标：抠取透明水杯素材	核心技术：绘制通道选区
附加技术：钢笔工具	难度系数：☺☺☺☺

【操作步骤】

（1）选择菜单"文件"|"打开"命令或按快捷键 Ctrl+O 选择图片，打开图片素材"杯子.jpg"和"苹果.jpg"，如图 2-205 和图 2-206 所示。

图 2-205　杯子.jpg

图 2-206　苹果.jpg

（2）使用"钢笔工具"对透明杯子绘制路径，直到把杯子选择成为一个闭合的路径，如图 2-207 所示。

（3）单击"路径"面板下的载入工具，如图 2-208 所示的按钮，然后单击菜单"选择"|"反选"按钮，按 Delete 键，显示如图 2-209 所示。

图 2-207　杯子路径

图 2-208　载入路径

图 2-209　单独杯子

（4）使用"钢笔工具"绘制如图 2-210 建立路径，同时载入路径，切换到"通道"面板，将绿色的通道拖到"新建图层"按钮，如图 2-211 所示，此刻出现如图 2-212 所示的显示界面。

图 2-210　选纯白色区域　　　　图 2-211　通道选择　　　　图 2-212　黑白杯子

（5）单击"选区载入"按钮，如图 2-213 所示。载入选区，显示的结果如图 2-214。

图 2-213　绿副本载入　　　　　　图 2-214　选区载入后显示

（6）单击 RGB 图层，此时"绿副本"图层不显示，即"绿副本"图层前面的眼睛不显示，"通道"面板显示结果如图 2-215 所示。切换到"图层"面板中，单击"图层 0"，按快捷键 Ctrl+J，将通道所得的结果输入到"图层 1"中，如图 2-216 所示。

图 2-215　"通道"面板　　　　　　图 2-216　图层 1

（7）选择"移动工具"，将选区的"图层 1"移动到"苹果.jpg"图片中，按快捷键 Ctrl+T 调整杯子的大小，如图 2-217 所示。选择"移动工具"调整杯子位置，如图 2-218 所示。

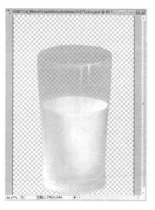 

图 2-217 杯子图层 　　　　图 2-218 透明杯子和苹果

【关键技术】

通道

在 Photoshop 中，通道具有保存颜色数据、保存选区和保存蒙版的功能。

根据图像颜色模式的不同，在"通道"面板中会显示不同的通道图标和通道种类。例如，在 RGB 模式下，"通道"面板中有 4 种通道图标，分别为 RGB、R（红）、G（绿色）和 B（蓝）通道。当只选红色和绿色通道的时候，整体图片呈现黄色；只选红色和蓝色通道时，整体呈现紫色。当只显示某一颜色通道时，图像就会变成灰度显示，只有明度变化，这说明通道中虽然保存颜色数据，但通道中是没有彩色的，只能存在黑、白、灰色。每一通道可以记录 256 级灰度色。所以通道对于透明素材的选取是非常有效的。

【抠图小结】

前面介绍了几种抠图工具在不同情况下的使用方法，如"套索工具"的抠图依赖于通过手动和自动相结合选择节点，确定选择素材的形状；"魔棒工具"用来选择前景与背景像素有较大反差的素材；"钢笔工具"是一个比较能精确选择素材范围的工具，对于人脸的抠取及其他需要精确的素材有很大帮助；"快速蒙版"多用于比较难选择的区域；"抽出滤镜"对于边缘小而复杂或模糊的图片可以轻松且精确地将前景对象从背景中抠出来；"通道工具抠图"主要针对需要抠出前景透明的素材。

在以后作图的过程中，会经常遇到利用抠图技术的情况。对于这些工具使用方法的掌握，能够在不同情况下做出工具的正确选择，可以帮助用户很好地抠出自己所需的素材，提高质量和效率。

2.3.8 习题

【任务说明】把图 2-219 中的小兔子从草地中抠取出来。

【任务提示】利用抽出滤镜。

图 2-219   小白兔图片

2.4 调色

2.4.1 关于调色

色彩是冲击视觉的第一杀手。色彩的三要素是色相、明度和饱和度。色调及色彩搭配的好坏直接影响图像的效果。Photoshop 提供了很多图像调整的命令，具有强大的调色功能。对已经拍好的照片可以进行色彩调节，使原来的照片更富有生色。调色技术是 Photoshop 众多功能中比较复杂的技术之一。但任何事物都有规律性，只要认识和掌握了规律，同样可以调出好的作品。这里主要介绍色阶、曲线、色彩平衡、色相/饱和度、通道混合器等基本调色工具的应用方法。

2.4.2 案例一：利用色阶——调节灰色宝塔山

任务目标：调节照片的明暗	核心技术：色阶
附加技术：魔棒工具	难度系数：☺☺

【操作步骤】

（1）执行菜单"文件"|"打开"命令或按快捷键 Ctrl+O 选择图片，打开素材图片"宝塔山.jpg"和"树枝.jpg"，如图 2-220 和图 2-221 所示。

图 2-220　宝塔山.jpg

图 2-221　树枝.jpg

（2）选择"灰色宝塔山.jpg"，单击菜单"图像"|"调整"|"色阶"，打开"色阶"对话框，调整色阶中的"RGB"、"红"、"绿"、"蓝"4 个选项，如图 2-222～图 2-229所示进行调整，使图片色阶都能得到均匀的分布。

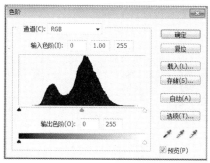

图 2-222　RGB 色阶

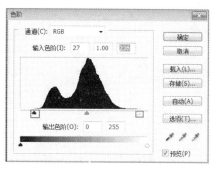

图 2-223　调整后 RGB 色阶

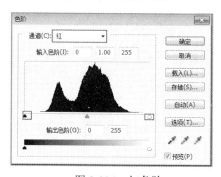

图 2-224　红色阶

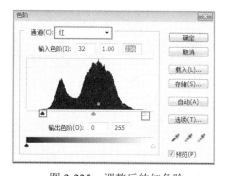

图 2-225　调整后的红色阶

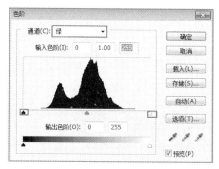

图 2-226　绿色阶

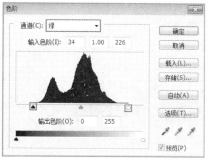

图 2-227　调节后的绿色阶

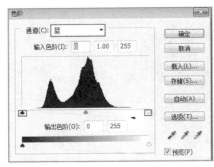 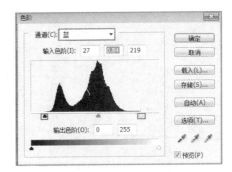

图 2-228　蓝色阶　　　　　　　　　　图 2-229　调节后的蓝色阶

（3）调整色阶后的显示如图 2-230 所示。单击"树枝.jpg"图片，选择"魔棒工具"，单击蓝色的区域，在出现虚线框之后，选择"选择"|"选择相似"，按 Delete 键，显示如图 2-231 所示。

图 2-230　调整色阶后的宝塔山　　　　　　图 2-231　透明树枝

（4）选择"移动工具"，将选区中的树枝移动到图层"宝塔山"中，按快捷键 Ctrl+T 调整树枝的大小，选择"移动工具"调整树枝位置，如图 2-232 所示。

（5）单击"树枝"图层，单击菜单"图像"|"调整"|"色阶"，并用"吸管工具"吸取宝塔山中绿色树的颜色，色阶属性显示如图 2-233 所示。再次调整树枝的色阶，如图 2-234 所示。

 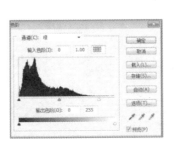 

图 2-232　树枝和宝塔山　　　　图 2-233　树枝色阶　　　　图 2-234　调整树枝的宝塔山

【关键技术】

色阶

Photoshop 中色阶的快捷键为 Ctrl+L。色阶表现了一幅图的明暗关系。色阶图是一个直方图，它根据每个亮度值（0~255 阶）处像素点的多少来划分，最暗的像素点在左面，最亮的像素点在右面。"输入色阶"用来显示当前的数值，"输出色阶"用于显示将要输出的数值。

色阶的分布是否均匀决定了图片质量高低，可以从色阶分布看出照片的色调分布，来决定如何对图像进行调整。

调整"输入色阶"可以增加图像的对比度。调整直方图下面左边的黑色三角来增加图像中暗部对比度，右面的白色三角来增加图像中亮部的对比度，中间的灰色三角来衡量图像中间色调的对比度，并改变中间色调的亮度值，但不会对暗部和亮部有太大影响。

调整"输出色阶"可降低图像的对比度。调整黑色三角来降低图像中暗部的对比度，白色三角来降低图像中亮度的对比度。

2.4.3 案例二：利用曲线——调节湖泊

任务目标：调节湖泊	核心技术：利用色阶
附加技术：魔棒工具	难度系数：☺☺

【操作步骤】

（1）执行菜单"文件"|"打开"命令或按快捷键 Ctrl+O 选择图片，打开图片素材"湖泊.jpg"和"天鹅.jpg"，如图 2-235 和图 2-236 所示。

图 2-235　湖泊.jpg

图 2-236　天鹅.jpg

（2）选择湖泊，单击菜单"图像"|"调整"|"色阶"， 如图 2-237 所示进行调整，使图片色阶都能得到均匀的分布，如图 2-238 所示。

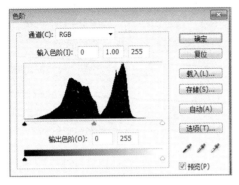
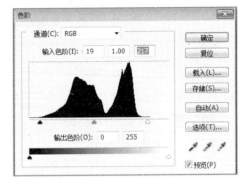

图 2-237　原色阶　　　　　　　　　　图 2-238　色阶调节后

（3）单击菜单"图像"|"调整"|"曲线"， 对 RGB、红、绿和蓝曲线所示进行调整，如图 2-239～图 2-242 所示，使图片能够清晰、有层次地显示出夕阳下的湖泊。

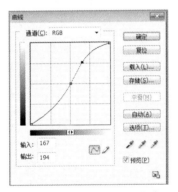
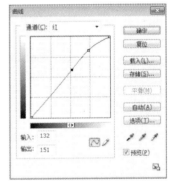

图 2-239　调节 RGB 曲线　　　　　　　图 2-240　调节红曲线

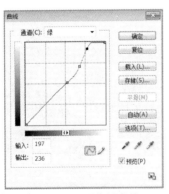
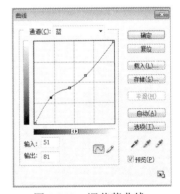

图 2-241　调节绿曲线　　　　　　　　图 2-242　调节蓝曲线

（4）调节曲线后的的图像如图 2-243 所示，然后使用"钢笔工具"新建路径，并将路径载入到图层中，如图 2-244 所示。

图 2-243　夕阳下的湖泊

图 2-244　选区的天鹅

（5）用"抽出滤镜"的方式将天鹅抠出来，选择"移动工具"按钮，将选区中的天鹅移动到夕阳下的湖泊图层中，按快捷键 Ctrl+T 调整天鹅的大小，选择"移动工具"调整天鹅位置，如图 2-245 所示。

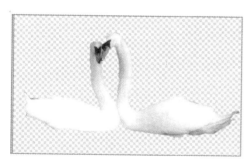

图 2-245　湖泊下的天鹅

【关键技术】

曲线

Photoshop 中色阶的快捷键为 Ctrl+M。利用"曲线"命令可以整体调节图像亮度、对比度、色彩等。"曲线"命令对于制作色彩变化较大的色调有很大帮助。和"色阶"命令相比，二者都是用来调整图像的色调的，不同的是，"色阶"只用来调整亮度、暗部和中间调，而"曲线"可以调节灰阶曲线中的任意一点。

在"曲线"对话框中，横轴用来表示图像原来的亮度值，纵轴用来表示新的亮度值，对角线用来表示当前"输入"和"输出"的关系。在没有进行调整时，所有的像素都有相同的"输入"和"输出"数值。

2.4.4　案例三：利用色相/饱和度——调节花朵

任务目标：调节花朵	核心技术：利用色相/饱和度
附加技术：无	难度系数：☺☺

【操作步骤】

（1）选择菜单"文件"|"打开"命令或按快捷键 Ctrl+O 选择图片，打开图片素材"喇叭花.jpg"，如图 2-246 所示。

图 2-246　喇叭花.jpg

（2）选择"喇叭花.jpg"，单击菜单"图像"|"调整"|"色相/饱和度"命令，如图 2-245 所示进行调整，调节出不同色调的花和不同的背景。当选择"编辑"|"全图"命令时，调节"色相"、"饱和度"和"明度"分别为"−77"、"+37"及"+8"，如图 2-247 所示的属性显示，调节后的图片如图 2-248 所示的喇叭花。

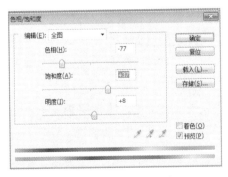

图 2-247　色相/饱和度 1

图 2-248　紫色的喇叭花 1

（3）当选择"编辑"中的"蓝色"时，天空的颜色发生变化，调节"色相"、"饱和度"和"明度"分别为"-160"、"-13"及"+9"，如图2-249所示，调节后的图片如图2-250所示的喇叭花。

图 2-249　色相/饱和度 2

图 2-250　红色的喇叭花 2

（4）当选择"编辑"中的"红色"时，天空的色彩不发生变化，调节"色相"、"饱和度"和"明度"分别为"-97"、"+73"及"+31"，如图2-251所示，调节后的图片如图2-252所示的喇叭花。

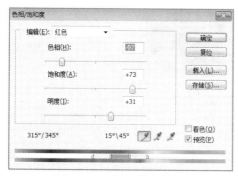

图 2-251　色相/饱和度 3

图 2-252　紫色的喇叭花 3

【关键技术】

色相/饱和度

"色相/饱和度"命令的快捷键为Ctrl+U，用来调整图像的色相、饱和度和亮度，可以对整个图像或某个区域进行颜色的转化。

用户可以在"色相/饱和度"对话框中的"编辑"下拉列表中，选择红、蓝、绿、青、洋红、黄等6种颜色中选择任何一种颜色单独进行调整，或选择"全图"选项调整所有的颜色。用户也可选择"吸管工具",在图像中单击确定要调整的颜色范围,用带加号的"吸管工具"来增加颜色范围,用带减号的"吸管工具"来减少颜色选择范围,设置好颜色范围后,即可拖动滑块来调整色相、饱和度和明度。

选择"着色"后,图像变成单色,拖动滑块来调整色相、饱和度和明度。

2.4.5　案例四:利用色彩平衡——调节黑白人物

任务目标:调节黑白人物	核心技术:利用色彩平衡
附加技术:无	难度系数:☺☺

【操作步骤】

(1)选择菜单"文件"|"打开"命令或按快捷键 Ctrl+O 选择图片,打开图片素材"黑白照片.jpg",如图 2-253 所示。

图 2-253　黑白照片

(2)单击菜单"图像"|"调整"|"色彩平衡",对图像中的"阴影"、"中间调"、"高光"进行调整,参数设置分别如图 2-254～图 2-256 所示。最终的黑白照片就被染成如图 2-257 所示的照片效果。

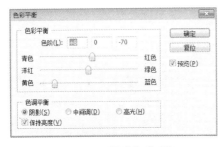

图 2-254　阴影色彩平衡

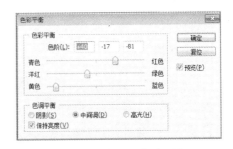

图 2-255　中间调色彩平衡

图 2-256 高光色彩平衡

图 2-257 染色照片

【关键技术】

色彩平衡

"色彩平衡"命令的快捷键是 Ctrl+B,它能改变彩色图像的颜色组成,但它只能对图像进行粗略的的调整。该命令将控制图像的色彩色调分布,可分别选择"阴影"、"中间调"、"高光"调整图像中不同部分的色彩。拖动滑块向右移,则可将左侧的颜色取代,取代的程度是由滑块的位置决定的。相反,拖动滑块向左移,则可将右侧的颜色取代。如果要在改变颜色的同时保持原来的亮度值,则可选择"保持明度"复选框。

2.4.6 案例五:利用通道混合器——调节秋天的枫叶

任务目标:调节秋天的枫叶	核心技术:利用通道混合器
附加技术:无	难度系数:☺☺

【操作步骤】

(1)选择菜单"文件"|"打开"命令或按快捷键 Ctrl+O 选择图片,打开图片素材"秋天的枫叶.jpg",如图 2-258 所示。

图 2-258 秋天的枫叶

（2）选择秋天的枫叶，单击菜单"图像"|"调整"|"通道混合器"，如图 2-259 所示进行调整。调节"输出通道"为红色，如图 2-259 所示；调节红色、绿色和蓝色的数字，红的枫叶就会变为春天的绿叶，如图 2-260 所示。

图 2-259　红色的通道混合器

图 2-260　春天的绿叶

（3）调节"输出通道"为灰色，如图 2-261 所示；调节红色、绿色和蓝色的数字，同时选中"单色"的对话框，秋天的绿叶变为冬天的雪景，效果如图 2-262 所示。

图 2-261　灰色的通道混合器

图 2-262　冬天的雪景

【关键技术】

通道混合器

"通道混合器"命令可以进行通道合成的控制。打开"通道混合器"对话框，选择某一需要调整的颜色通道，在"源通道"中通过拖动滑块来调整各颜色值，即可混合到通道中产生图像合成的效果。"常数"值可以增加该通道的补色。选中"单色"，可制作出灰度的图像。

2.4.7　案例六：综合利用调色命令——调节图像颜色

任务目标：绘制小孩踢足球	核心技术：调色和抠图
附加技术：图层混合模式	难度系数：☺☺☺

【操作步骤】

（1）单击菜单"文件"|"新建"命令，打开"新建"对话框，设置图像的"宽度"和"高度"分别为 640 像素、480 像素，其他的参数按对话框默认的设置，如图 2-263 所示。

（2）选择工具箱中的"渐变工具"，单击属性栏上的"渐变"按钮，打开"渐变编辑器"对话框，分别设置深蓝色（51、102、204）；浅蓝色（153、204、255），单击"确定"按钮，然后用鼠标在窗口中从上到下拖动鼠标，背景被填为渐变色，如图 2-264 所示。

图 2-263　"新建"对话框

图 2-264　渐变背景

（3）单击"减淡工具"，设置"画笔"大小为 65，"范围"为"中间调"，"曝光度"为 31%，如图 2-265 所示，进行减淡，调节后显示如图 2-266 所示。

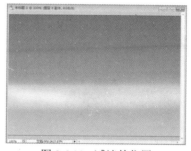

图 2-265　"减淡工具"的设置

图 2-266　减淡的位置

（4）单击"画笔工具"，选择画笔的形状为如图 2-267 所示的形状，调节主直径的大小，在新建的"背景"图层中进行如图 2-267 所示的草，此时注意把前景色设置成为白色，即显示如图 2-268。按住 Ctrl 键，同时单击"画笔工具"的白色区域，图像中载入选区，填充绿色如图 2-268 所示。

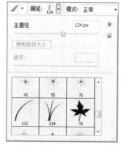

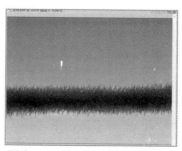

图 2-267　画笔工具选择的形状

图 2-268　绘制好且填充绿的草

（5）按快捷键 Ctrl+O 打开图片素材"小男孩.jpg"，用"魔棒工具"选择选区如图 2-269 所示，选择"移动工具"，将小男孩移动到已填充好背景层上，此时把小男孩的图层拉到青草层的下边，使人和青草有一个很好的过渡过程，按快捷键 Ctrl+T 调整人物的大小，选择"移动工具"调整人位置，如图 2-270 所示。

图 2-269　小男孩.jpg

图 2-270　小男孩在草地上

（6）将足球素材导入到软件中，按住 Shift 键，选择"椭圆选框工具"，选取足球的选区，单击菜单"选择"|"反选"命令，按住 Delete 键将足球以外的背景删除，如图 2-271 所示，并使用"移动工具"将其移动到蓝色的天空中，调节"图层"设置为"柔光"，"不透明度"为"60"，其他的参数按默认的设置，如图 2-272 所示，其调整后的图像如图 2-273 所示。

图 2-271　透明背景的足球

图 2-272　图层的设置

图 2-273　足球在蓝天中

（7）单击"选框工具"中的"椭圆工具"，按住 Shift 键，在"小男孩"图层中建立选区，所选的结果如图 2-274 所示，选择"图像"|"调整"命令，单击"通道混合器"，选择"输出通道"为"绿"，并分别对红绿蓝进行调节，如图 2-275 所示，调节后的效果如图 2-276 所示。

图 2-274　将人移入足球

图 2-275　通道混合器

图 2-276　调节后的绿色

（8）合并足球和调节过的小男孩，按住 Shift 键选择这两个图层，单击右键，选择"合并图层"按钮合并图层。设置该"图层混合模式"为"正片叠底"，"透明度"为 60，显示结果如图 2-277 所示。

（9）其余的 3 个足球依次按照前面所示的进行调节。在选择的过程中，后面足球图层的透明度依次增大，分别为 75、90、100。同时最后一个足球图层的混合模式设置为"正常"。

（10）再一次对每个足球利用"通道混合器"进行调节，分别调节为春夏秋冬 4 个场景，以表示小男孩对足球队的热心和毅力，最后使用菜单"滤镜"|"风格化"|"风"滤镜制作效果，调节后的效果如图 2-278 所示。

图 2-277　足球小男孩合并

图 2-278　四个足球制作

（11）选择最亮色的足球，单击"图像"|"调整"命令，选择"色彩平衡"，对青色、洋红及黄色等进行调节，参数设置如图 2-279 所示，效果如图 2-280 所示。

图 2-279　色彩平衡

图 2-280　最亮足球调节后

（12）制作足球倒影。复制"足球"图层，按快捷键 Ctrl+T 调整足球的大小，选择"移动工具"调整足球位置，图层"不透明度"设为 90，调整后的效果如图 2-281 所示。

（13）按快捷键 Ctrl+S 保存文件。

图 2-281　倒影足球

【关键技术】

图层混合模式

在"图层"面板的左上方可以设置图层混合模式。选择不同的图层混合模式可使图像混合出各种各样不同的效果。

混合模式包括"正常"、"溶解"、"背后"、"清除"、"变暗"、"正片叠底"、"颜色加深"、"线性加深"、"深色"、"变色"、"滤色"、"颜色减淡"、"线性减淡"、"浅色"、"叠加"、"柔光"、"强光"、"亮光"、"线性光"、"点光"、"实色混合"、"差值"、"排除"、"色相"、"饱和度"、"颜色"、"亮度"等。

通常在发光的混合模式中，黑色无效；在变暗的图层混合模式中，纯白色无效。

本例中用到了【正片叠底】的混合模式，把图像以暗色调的方式向下层图像叠加，形成了上层图像和下层图像之间很好的融合效果。

图层混合模式是利用图层产生效果的重要手段，使用灵活、效果多变，操作简单、作用明显，在作品设计过程中往往会起到画龙点睛的作用。

2.4.8　习题

【任务说明】改变图 2-282 中人物衣服的颜色。

图 2-282　习题图片

【任务提示】主要利用"色相/饱和度"命令。

2.5 图像的合成

2.5.1 关于图像的合成

图像合成就是把不同的几个图片组合在一起，形成一幅和谐美丽的图像。在日常生活中，各种广告、宣传单等要达到很好的效果，都要用到图像合成的技巧。要做好图像合成，首先需要熟练掌握绘图、修图、抠图、调色等技术，然后结合图像合成的技巧，以进行高质量的图像合成。合成技巧还包括使用图层、图层样式、混合模式以及蒙版等相关命令和技巧。

2.5.2 案例一：制作叠扇

任务目标：制作叠扇	核心技术：图层样式
附加技术：动作	难度系数：☺☺☺

【操作步骤】

（1）按快捷键 Ctrl+N 新建文件，设置"名称"为制作叠扇，"宽度"为 8 厘米，"高度"为 8 厘米，"分辨率"为 200 像素/英寸，其余的按默认值设置，如图 2-283 所示。

图 2-283 "新建"对话框

（2）按快捷键 Ctrl+N 打开文件中的"木材.jpg"，如图 2-284 所示。选择工具箱中的"移动工具"，将木材移动到"制作叠扇"文件中，按快捷键 Ctrl+T 调整好大小和位置，命名生成的图层命令为"扇骨"，如图 2-285 所示。

图 2-284 木材.jpg

图 2-285 扇骨

（3）调节扇骨的色阶。分别打开"色阶"和"色彩平衡"命令，滑动色阶滑动按钮，调节木材的色调。同时设置"图层样式"参数，调整"斜面和浮雕"对话框中的数值，如图 2-286～图 2-288 所示，使木材具有一定的质感和厚度。调节后的效果如图 2-289 所示。

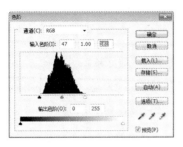

图 2-286　色阶的调节

图 2-287　色彩平衡的调节

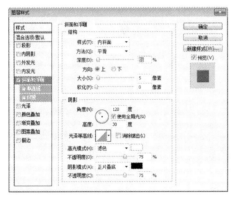

图 2-288　斜面和浮雕的调节

图 2-289　色彩平衡的调节

（4）使用"动作"复制扇骨。在"窗口"中打开"动作"面板，单击"动作"面板下方的"创建新动作"按钮，单击"录制"，此时将会对以后的操作步骤进行录制，然后复制"扇骨"层，按快捷键 Ctrl+T 将中心点拖动到合适的位置旋转扇骨，如图 2-290 所示。

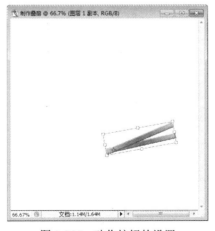

图 2-290　动作按钮的设置

（5）单击"动作"面板下的"停止录制"按钮，如图2-291所示。"动作1"后面所有的操作都被记录下来了，不断地单击下面"播放选定的动作"按钮，直到出现16根扇骨，如图2-292所示。

图2-291　动作按钮的设置

图2-292　16片扇骨

（6）按快捷键Ctrl+Alt+Shift+N新建一个图层，然后选择"椭圆工具"，绘制圆形的选区，并且填充（255、102、0）的色彩，设置椭圆图层的透明度为50%，绘制的结果如图2-293所示。制作如图2-294所示的选区，裁减掉多余的部分，按Delete键删除，命名图层为"扇面"。

图2-293　填充后的扇面

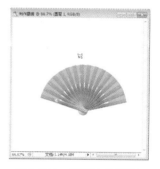

图2-294　裁剪过的扇面

（7）打开素材图片"梅花.tif"，将"梅花"图层移动到图层"扇面"之上，并将"扇面"的选区载入到图层"梅花"中，选择菜单"选择"|"反选"，按Delete键删除额外的选区，如图2-295所示，同时设置"混合模式"为"正片叠底"，如图2-296所示。

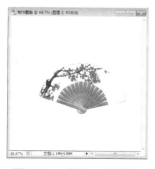

图2-295　梅花.tif的载入

图2-296　正片叠底

（8）合并除了最后一个扇骨的图层，并且将该图层拖为当前层，即将该层移到最上面，如图2-297所示，调节后的结果如图2-298所示。

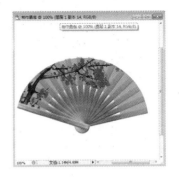

图 2-297　图层分布　　　　　　　　　　图 2-298　调整后的效果

（10）在扇骨中心轴上用"椭圆工具"绘制一个钉子大的选区，填充灰色，给该图层添加"投影"和"斜面和浮雕"图层样式，参数设置如图 2-299 和图 2-300 所示。

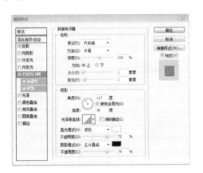

图 2-299　斜面和浮雕的调节　　　　　　图 2-300　投影的调节

（11）打开"书法"图片，并将其移动到图层的最底层，调节书法字的位置和大小，如图 2-301 所示。

图 2-301　载入书法字的效果

【关键技术】

1. 图层样式

图层样式是制作图像合成和图像特效的有效工具。它的投影、斜面浮雕，还有一些其他的混合效果，如外发光、内阴影、内发光、光泽、颜色叠加、渐变叠加、图案叠加、描边等，这些选项的设置可以使合成的素材更加真实地融合在一起。

"投影"的效果可以突出作品的效果，主要用来模仿现实生活中的投影效果。

"发光"也分为内发光和外发光，它们都可以为图像增加发光效果。

"斜面和浮雕"的设置为图像增加立体感。

"光泽"可以使图像效果更有光泽感，在金属中光泽的设置更具有表象效果。

"叠加"可分为"颜色叠加"、"简便叠加"和"图案叠加"。"颜色叠加"主要针对的是单色，"渐变叠加"针对的是双色或双色以上，"图案叠加"则针对图像整体。

"描边"是为图层添加不同颜色、不同粗细的描边效果。

各种不同的效果对应着不同的参数，用户在使用的过程中一定要根据不同的情况尝试调节并设置不同的参数，每一次调节都会产生不同的变化或者意想不到的效果，一定不要总是使用默认参数。

2. 动作

在本案例的设置过程中还使用了"动作"按钮。"动作"按钮可以快速精确地将动作记录的步骤复制出来，为图像的设置提供了简单快捷的方法。在后面"动作与自动化"中还会进一步进行介绍。

2.5.3　案例二：爱情回忆

任务目标：制作爱情相册	核心技术：图层蒙版
附加技术：图层样式	难度系数：☺☺☺☺

【操作步骤】

（1）按快捷键 Ctrl+O 打开文件素材"爱情背景.jpg"，如图 2-302 所示。

图 2-302　爱情背景

（2）选择工具箱中的"移动工具"，分别将"婚纱照 1"，"婚纱照 2"移动到"爱情背景"图层中，并按快捷键 Ctrl+T 调整图像的大小和位置，命名图层为"婚纱照 1"、"婚纱照 2"，双击"确定"按钮，如图 2-303 所示。

图 2-303　载入图片

（3）单击"婚纱照 1"，选择菜单"图像"|"调整"命令，打开"色彩平衡"对话框，设置参数阴影、中间调及高光为（+12、-46、100）、（+100、-100、80）及（-1、-21、6）。

（4）单击"婚纱照 2"，打开"色彩平衡"对话框，设置参数阴影、中间调及高光为（-29、-7、-11）、（+22、+43、-51）及（+100、-100、29）。

（5）选择"图层 1"，单击"图层"面板上的"添加图层蒙版"按钮，如图 2-304 所示。选择工具箱中的"画笔工具"，根据需要设置画笔的不透明度和大小，将前景色设置为黑白色，在"图层 1"的图层蒙版上部分进行涂抹，擦除掉图像中不需要的部分，如图 2-305 所示。

图 2-304　蒙版图层显示

图 2-305　添加蒙版 1 后的效果

（6）选择"图层 2"，在工具箱中选择"椭圆选框工具"，按住 Shift 键在窗口中载入正圆区域。然后给"图层 2"添加"图层蒙版"，隐藏掉选区外的图像，如图 2-306 所示。

图 2-306　蒙版图层 2 显示

（7）设置"图层混合选项"命令，打开"图层样式"对话框，选择"外发光"复选框，并设置其参数，如图 2-307 所示，调节后的效果如图 2-308 所示。

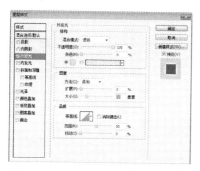
图 2-307　调节外发光的图层样式

图 2-308　调节 2 后的效果

（8）在图层上方创建新的图层，选择工具箱中的"画笔工具"，设置前景色为紫色（255、0、204），如图 2-309 所示进行涂抹，并设置"图层的混合模式"为"柔光"，显示效果如图 2-310 所示。

图 2-309　用画笔涂抹

图 2-310　柔光后的效果

（9）新建图层，选择工具箱中的"自定形状工具"，先设置"形状"为五角星，绘制各种形状大小的五角星，设置"图层样式"为"柔光"，效果如图 2-311 所示。

（10）绘制星光的形状，用"椭圆填充工具"绘制选区，填充为（255、255、51），再用"铅笔工具"在圆形上绘制交叉线，并设置铅笔的像素值为 1，不断地调整星星的大小和透明度，如图 2-312 所示。

图 2-311　画五角星

图 2-312　绘制发出的光芒

（11）按快捷键 Ctrl+O 打开钻戒的图片，用"移动工具"将素材图片拖动到爱情背景中，调整戒指的大小的位置，双击确定，如图 2-313 所示。

（12）选择工具箱中的"橡皮擦工具"，将戒指的底部进行擦除，如图 2-314 所示。

图 2-313　载入钻戒

图 2-314　擦出底部的钻戒

（13）给戒指所在图层添加图层样式为"内发光"和"外发光"，并设置"填充"为 90%，调整的结果如图 2-315 所示。

图 2-315　设置内外发光后的效果

【关键技术】

图层蒙版

图层蒙版是图像合成的一个重要手段。它是一个 8 位灰度的图像，只能包含黑、白、灰。建立图层蒙版后，图层蒙版自动和图层中的图像链接到一起。图层蒙版可以理解为挡在真实的图像前边的一张纸，这张纸上黑色的部分将会把其对应图层上的像素隐藏，白色所对应的像素会被完全显示出来，不同的灰度将是半透明的显示。

编辑图层蒙版的时候，可以用"绘图工具"，如"画笔工具"进行编辑。同时，前景色要设置成黑色、白色或不同的灰色。当在图层蒙版上进行涂抹时，使用黑色相当于橡皮擦，使用白色相当于画笔，使用灰色就是半透明的画笔。这样不断地进行操作，就可以很好地实现图像的合成。

2.5.4 案例三：红色水晶按钮

任务目标：制作红色水晶按钮	核心技术：剪贴蒙版
附加技术：图层蒙版	难度系数：☺☺☺☺

【操作步骤】

（1）新建一个文件，选择菜单"文件"|"新建"命令，设置"名称"为红色水晶按钮，"宽度"为 300 像素，"高度"为 300 像素，"分辨率"为 200 像素/英寸，"背景内容"为透明，如图 2-316 所示。

图 2-316 "新建"对话框

（2）选择工具箱中的"椭圆选框工具"，在窗口中按住 Shift 键拖动鼠标绘制正圆选区，填充为红色（255、0、51），如图 2-317 所示。

（3）新建一个"图层 2"，绘制正方形的边长与"图层 1"直径相同的正方形，并填充为淡红色（255、51、102），如图 2-318 所示。

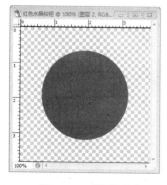

图 2-317 圆形区域

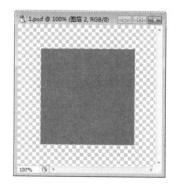

图 2-318 方形区域

（4）新建"图层 3"，根据标尺上的刻度将正方形分割为相等的四部分，如图 2-319 所示。新建"图层 4"、"图层 5"，选取如图 2-320 所示的形状。

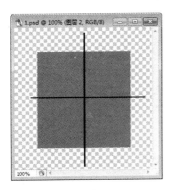

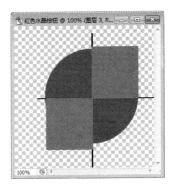

图 2-319　绘制十字线　　　　　　　　图 2-320　绘制 2 块方形

（5）将辅助的"图层 2"和"图层 3"隐藏，以便不影响图像的质量，如图 2-321 所示。去掉后的图层最终效果如图 2-322 所示。

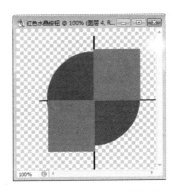

图 2-321　隐藏图层　　　　　　　　图 2-322　隐藏图层后的效果

（6）将"图层 3"、"图层 2"移动到图层的最下方，选择"图层 4"，创建"剪贴模板"。单击菜单"图层"|"创建剪贴模板"，即可和"图层 1"连接为剪贴蒙版，图层形式如图 2-323 所示。

（7）单击"图层 5"，对其设置同步骤（6），同样地设置剪贴蒙版，其最后的效果如图 2-324 所示。

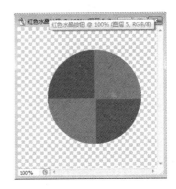

图 2-323　创建剪贴模板 1　　　　　　图 2-324　创建后的效果

（8）选择"图层 4"、"图层 5"，分别单击菜单"图层"|"添加图层蒙版"按钮，单击蒙版前面的缩略图，然后选择工具箱中的"减淡工具"和"加深工具"，在图层上涂抹，以便调整图像的颜色，如图 2-325 所示。

（9）对其他的区域也进行适当的减淡和加深。新建"图层 6"，选择工具箱中的"椭圆选框工具"，在窗口中绘制椭圆选区，设置前景色为白色，并按快捷键 Ctrl+Delete 填充选区的色彩如图 2-326 所示。

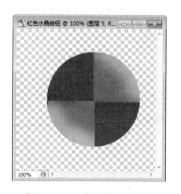

图 2-325　减淡加深涂抹

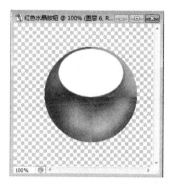

图 2-326　删除椭圆区域

（10）选择"图层 6"，单击"图层"面板下方的"添加图层蒙版"按钮，同时选择工具箱中的"渐变工具"，打开"渐变对话框"，选择黑色到白色的渐变样式，如图 2-327 所示。

（11）双击"图层 6"，打开"图层样式"对话框，选中"投影"复选框，设置颜色为红色，调整的最终结果如图 2-328 所示。

图 2-327　加入渐变色彩

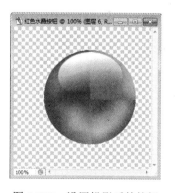

图 2-328　设置投影后的按钮

【关键技术】

剪贴蒙版

剪贴蒙版是在连续图层中可以使用的一种图像合成的技巧。

剪贴蒙版可以使用图层的内容来蒙盖它上面的图层。一个图层可能有某个形状，上面图层上可能有纹理。这两个图层之间可以建立剪贴蒙版的关系。只要选中上面的图层，按快捷键 Ctrl+Alt+G 即可。形成的效果就是上面图层的纹理只能通过下面的形状图层中的形状显示，或者说只能按照形状显示，多余的部分被隐藏，同时纹理会受到形状图层不透明度设置的影响。

2.5.5　案例四：加菲和蝴蝶

任务目标：加菲和蝴蝶	核心技术：图层蒙版
附加技术：液化	难度系数：☺☺☺☺

【操作步骤】

（1）新建一个文件，选择菜单"文件"|"新建"命令，设置"名称"为加菲和蝴蝶，"宽度"为 515 像素，"高度"为 490 像素，"分辨率"为 300 像素/英寸，"背景内容"为白色，其余的设置如图 2-329 所示。

图 2-329　新建加菲和蝴蝶

（2）选择工具箱中的"渐变工具"，从左到右的色彩分布依次为

（51，153，204），位置为 0；

（255，255，255），位置为 50；

（153，102，0），位置为 86；

（204，153，0），位置为 92；

（255，255，255），位置为 100；

色彩的分布情况如图 2-330 所示。按 Shift 键拖动鼠标，如图 2-331 所示。

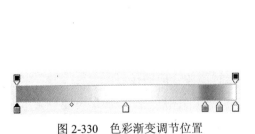

图 2-330　色彩渐变调节位置　　　　图 2-331　拖动鼠标后的色彩分布效果

（3）按快捷键 Ctrl+O 打开文件素材"加菲猫"，用"移动工具"将加菲猫移动到背景图层中，命名为"图层 1"。选择菜单"滤镜"|"抽出"，沿着加菲猫毛的边缘进行描绘，然后单击"填充工具"按钮，在绿色的区域单击填充，显示效果如图 2-332 所示。

（4）此刻加菲猫就与背景融合。按 Ctrl 键选择"背景"和"图层 1"，单击鼠标右键，选择"合并图层"，命名为"图层 1"。复制"图层 1"，选择"图层副本 1"，单击"滤镜"菜单下的"其他"选项中"高反差保留"对话框，设置"半径"为 2.1 像素，调整的属性对话框如图 2-333 所示。

图 2-332　抽出滤镜调节

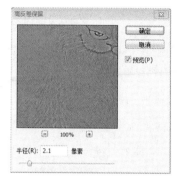

图 2-333　高反差保留对话框

（5）选择图层"混合"模式为"叠加"，图像变得清晰。按快捷键 Ctrl+Shift+Alt+E 盖印可见"图层 2"，效果如图 2-334 所示。

（6）按快捷键 Ctrl+O 打开文件素材"蝴蝶"，命名为"图层 3"，用"魔棒工具"把选择好的蝴蝶拖曳到加菲和蝴蝶的图层中。按快捷键 Ctrl+T 调整图像的大小和位置，使蝴蝶的位置落到加菲猫的胡须上，如图 2-335 所示。

图 2-334　混合模式叠加组合

图 2-335　载入蝴蝶的加菲

（7）调节蝴蝶的色彩，给该图层添加图层蒙版。选择背景图层渐变色彩，调整蝴蝶翅膀的光泽。然后选择菜单"图像"|"调整"命令，对图像的色彩平衡进行调整，调节的对话框如图 2-336 所示，调节后的效果如图 2-337 所示。

127

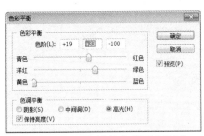

图 2-336　蝴蝶的色彩平衡调节　　　　　　　　　图 2-337　调节后的效果

（8）双击"蝴蝶"图层的缩略图，弹出"图层样式"对话框，设置"角度"为 120 度，"距离"为 29 像素，"不透明度"为 26%，其余参数设置如图 2-338 所示，调节后的效果如图 2-339 所示。

图 2-338　投影的对话框　　　　　　　　　图 2-339　投影后的效果

（9）选择菜单"滤镜"|"液化"命令，打开"液化"对话框，选择"膨胀工具"，对画框中的数值如图 2-340 所示进行设置。在加菲的嘴上单击，使猫的嘴巴张大。然后"选择【[】"，对变形过度的位置进行涂抹，修饰嘴巴的形状。

图 2-340　使用液化效果

（10）选择工具箱中的"加深工具"，在属性栏中设置将其大小和曝光度，在猫的嘴部进行涂抹，加深图像效果如图 2-341 所示。

图 2-341　加深后的加菲

【关键技术】

1. 滤镜

滤镜是实现图像特效的有效手段之一。Photoshop 中提供了很多制作特效的滤镜。滤镜具有操作简单方便，效果明显的优势。本例中用到的下列两个滤镜：

（1）【液化】滤镜：【液化】滤镜是修饰图像和创建艺术效果的有效图形，它可对图像的任何区域进行各种各样的变形，如旋转扭曲、收缩、膨胀以及映射等。变形的程度可以随意控制，可以是轻微的变形，也可以是非常夸张的变形效果。

（2）【高反差保留】滤镜：【高反差保留】滤镜可在有强烈颜色转变发生的地方，按指定的半径保留边缘细节，并且不显示图像的其余部分。（0.1 像素半径仅保留边缘像素。） 此滤镜可移去图像中的低频细节，效果与"高斯模糊"滤镜相反。在使用"阈值"命令或将图像转换为位图模式之前，将"高反差"滤镜应用于连续色调的图像将很有帮助。此滤镜对于从扫描图像中取出的艺术线条和大的黑白区域非常有用。

2. 图层混合模式——叠加

叠加模式按照底层图像的明度变化来保留图层的颜色特征，其结果是很好地融合了两个图层的明度及色相，可使底层的图像的饱和度和对比度得到相应的提高，使图像看起来更加鲜亮。

2.5.6　案例五：水晶之恋

任务目标：制作水晶之恋和心	核心技术：图层样式
附加技术：色阶和高光	难度系数：☺☺☺☺

【操作步骤】

（1）新建一个文件，选择菜单"文件"|"新建"命令，设置"名称"为"水晶之恋"，"宽度"为 8 厘米，"高度"为 5 厘米，"分辨率"为 200 像素/英寸，"背景内容"为白色，如图 2-342 所示。

图 2-342　新建"水晶之恋"

（2）设置前景色为粉色（251，224，251），按快捷键 Alt+Delete 填充画布，如图 2-343 所示。选择工具箱中的"横排文字工具"，输入文字"水晶之恋"，并填充水晶之恋的文字色彩为桃红色（248，39，157），如图 2-344 所示。

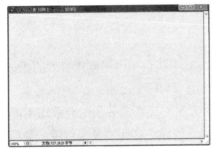

图 2-343　填充背景

图 2-344　填充字体水晶之恋

（3）用鼠标单击右键，打开"混合模式"对话框，对文字"投影"效果的对话框进行设置，投影颜色为字体的色彩，其投影的属性对话框如图 2-345 所示。

（4）对"图层样式"中的"内阴影"进行设置，设置"正片叠底"的色彩为背景色，"角度"为 130 度，"阻塞"值为 78%，其余的值如图 2-346 所示进行微调。

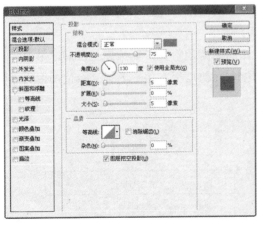

图 2-345　投影对话框的设置

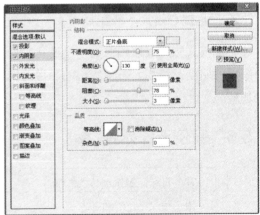

图 2-346　内阴影对话框的设置

（5）对"图层样式"中的"内发光"进行设置，设置"范围"为 61%，"抖动"为 54%，"阻塞"值为 7%，"大小"为 2 像素，杂色下的色彩红色（255，102，0），其余的值如图 2-347 所示进行微调。

（6）对"图层样式"中的"斜面和浮雕"进行设置，设置"深度"为70%，"软化"值为0像素，"大小"为24像素，其余的值如图2-348所示进行微调。

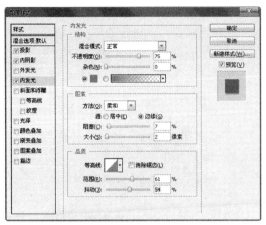

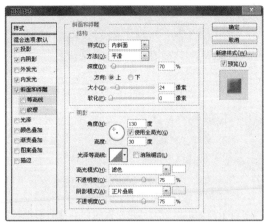

图2-347　内发光对话框的设置　　　　　图2-348　斜面和浮雕对话框的设置

（7）在调整好"投影"、"内阴影""内发光"和"斜面和浮雕"之后，单击确定，显示的结果如图2-349所示。

（8）"水晶之恋"色彩分布过于均匀，对其打上高光。新建"图层1"，按Ctrl键同时单击水晶之恋的缩略图，建立选区，单击工具箱中的"铅笔工具"，沿着字体的形状对其进行绘制（此刻前景色为白色或者画笔的色彩为白色）。沿着字体绘制路径之后显示结果如图2-350所示。

图2-349　设置样式面板之后的效果　　　　图2-350　设置水晶之恋的高光

（9）选择"字体"图层，打开"水晶之恋"字体的色阶，对其进行调整，调整的"色阶"对话框如图2-351所示。

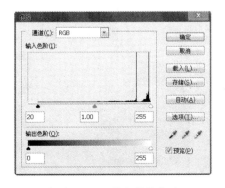

图2-351　调节字体的色阶

（10）隐藏"字体"图层和"图层1"后，新建"图层2"，选择"工具箱"中的"自定义图形"，将"画笔"设置为心形的形状并将选择路径，将心形的载入选区，显示效果如图 2-352 所示。

（11）选择工具箱中的"渐变工具"，渐变色为双色分别为（255，204，204）和（255，102，153），然后在虚线框中从上到下进行绘制调节的结果如图 2-353 所示。

图 2-352 心的选区的载入   图 2-353 心的填充

（12）复制水晶之恋字体的图层样式，给"图层 2"设置粘贴图层样式的格式，然后给"图层2"如同给"图层1"一样设置高光，心形就会显得很真实，如图 2-354 所示。

（13）复制4个"图层2"，按快捷键 Ctrl+T 调节不同心的位置和大小，结果如图 2-355所示。

图 2-354 复制字体的图层样式   图 2-355 复制心后的效果

2.5.7 习题

【任务说明】将给定素材进行图像合成，如图 2-356。

【任务提示】主要利用【图层蒙版】和图层混合模式完成。

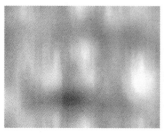

图 2-356　图像的合成

参考效果，如图 2-357 所示。

图 2-357　最终效果

2.6　特效制作

2.6.1　关于特效制作

特效制作是 Photoshop 强大功能之一。制作商业广告、产品包装、书籍装帧等都需要特效的制作。要制作特效，实际上是图层、图层样式、通道、蒙版、滤镜等基本工具的高级应用。利用蒙版和通道绘制选区，通过图像调整命令来调整色调和效果，制作颜色上的特效。利用图层样式打造特殊效果，添加阴影、描边等，配合混合模式实现图层之间的特效和融合。特效制作中占据重要作用之一的是滤镜，如果用户可以恰当使用了滤镜，可为作品添色不少。Photoshop 内置了许多滤镜，加之还有许多第三方设计的外挂滤镜，都会形成各种强大的效果。

不管怎样，作为 Photoshop 的强大功能，要掌握这一功能，一定需要用户不断地尝试、不断地实践。

2.6.2　案例一：利用通道打造黄昏效果

任务目标：利用通道打造黄昏效果	核心技术：利用通道绘制选区
附加技术：魔棒工具、镜头光晕	难度系数：☺☺

【操作步骤】

（1）按快捷键 Ctrl+O】打开命令，打开素材文件"田野.jpg"，图像效果如图 2-358 所示。

图 2-358　素材文件"田野.jpg"

（2）单击"通道"面板，选择"绿"，效果如图 2-359 和图 2-360 所示。

图 2-359　"绿"通道

图 2-360　"绿"通道对应的图像

（3）选择工具箱中的"魔棒工具"，取消"连续"选项，在草地的亮处单击，效果如图 2-361 所示。

图 2-361　选取亮部

（4）在"通道"面板中，单击"RGB"，返回"RGB"模式下，按快捷键 Ctrl+U 弹出"色相/饱和度"对话框，调整参数，如图 2-362 所示。执行饱和度后的效果如图 2-363 所示。

图2-362 "色相/饱和度"对话框

图2-363 "色相/饱和度"效果

（5）按快捷键 Ctrl+D 取消选区。同样的方法，在"通道"面板中单击"蓝"，选择工具箱中的"魔棒工具"，取消"连续"选项，在天空处单击，效果如图2-364所示。

图2-364 蓝通道选区

（6）在"通道"面板中，单击"RGB"，返回"RGB"模式下，按快捷键 Ctrl+U 弹出"色相/饱和度"对话框，调整参数，如图2-365所示，效果如图2-366所示。

图2-365 "色相/饱和度"对话框

图2-366 "色相/饱和度"效果

（7）按快捷键 Ctrl+D 取消选区。执行菜单"滤镜"|"渲染"|"镜头光晕"，"亮度"为120%，设置参数如图2-367所示，效果如图2-368所示。

图 2-367 　"镜头光晕"参数

图 2-368 　最终效果图

【关键技术】

1. 利用通道制作特效

通道可以保存颜色信息，也可以精确选择图像、保存和编辑选区。使用通道时，可以结合色阶、曲线、滤镜等命令对通道中的图像进行调整。

本例利用通道制作选区后，结合"色相/饱和度"来调节颜色效果，打造黄昏特效。在通道中，白色图像代表选择区域，黑色图像代表非选择区域，而介于两者之间的灰色图像，代表具有一定羽化效果的选区。例如，图 2-369 色彩亮丽，颜色差别大，单击"蓝"通道后发现，天空部分变为白的，即为通道选区的结果，如图 2-370 和图 2-371 所示。

图 2-369 　原图 　　　　图 2-370 　"通道"面板 　　图 2-371 　蓝通道选区效果

2. 镜头光晕滤镜

"镜头光晕"滤镜属于 Photoshop 内置滤镜。此滤镜可以在图像中生成摄像机镜头眩光效果，并且可以手动调节眩光位置、亮度和眩光类型。其中，105mm 的定焦镜头产生的光芒较多，效果如图 2-372～图 2-374 所示。

图 2-372 　参数设置 　　　　图 2-373 　原图 　　　　　图 2-374 　效果

2.6.3 案例二：蒙版上妆

任务目标：蒙版上妆	核心技术：利用蒙版绘制选区
附加技术：色相/饱和度调节	难度系数：☺☺☺

【操作步骤】

（1）按快捷键 Ctrl+O 打开命令，打开素材文件"女性.jpg"，如图 2-375 所示。

图 2-375　素材文件"女性.jpg"

（2）选择工具箱中的"快速蒙版模式编辑"按钮，进入快速蒙版状态，按 D 键将前景色和背景色复原为黑白色，选择"画笔工具"，参数设置如图 2-376 所示。

图 2-376　画笔参数设置

（3）按快捷键 Ctrl++放大图像，涂抹人物的眼睛部分，注意避开眼球部分，效果如图 2-377 所示。

（4）再次单击工具箱中的"快速蒙版模式编辑"按钮，退出快速蒙版状态，按快捷键 Ctrl+Shift+I 反向选区，如图 2-378 所示。

图 2-377　蒙版编辑状态

图 2-378　退出蒙版

（5）选择菜单"图像"|"调整"|"色相/饱和度"命令或者按快捷键 Ctrl+U 打开"色

相/饱和度"对话框，调整参数，设置如图 2-379 所示。

（6）执行"确定"按钮，按快捷键 Ctrl+D 取消选区，效果如图 2-380 所示。

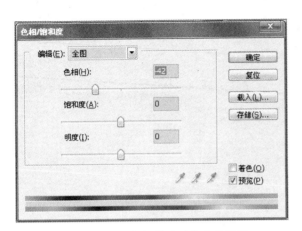

图 2-379　"色相/饱和度"参数设置　　　　图 2-380　"色相/饱和度"眼影效果

（7）按 Q 键，进入快速蒙版，按 D 键复原黑白色，使用"画笔工具"，设置"画笔"大小为 15px，"不透明度"为 100%，"流量"为 100%，涂抹眼球部分，按 Q 键退出快速蒙版，按快捷键 Ctrl+Shift+I 反向选区，按快捷键 Ctrl+U 打开"色相/饱和度"对话框，调整参数如图 2-381 所示，效果如图 2-382 所示。

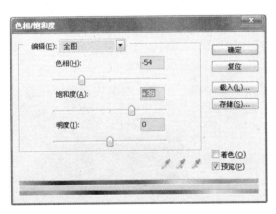

图 2-381　"色相/饱和度"对话框　　　　图 2-382　"色相/饱和度"眼球效果

（8）再次按 Q 键，进入快速蒙版，按 D 键复原黑白色，使用"画笔工具"，设置"画笔"大小为 20px，"不透明度"为 100%，"流量"为 100%，涂抹嘴唇部分，按 Q 键退出快速蒙版，按快捷键 Ctrl+Shift+I 反向选区，按快捷键 Ctrl+U 打开"色相/饱和度"对话框，调整参数如图 2-383 所示，执行后嘴唇效果如图 2-384 所示。

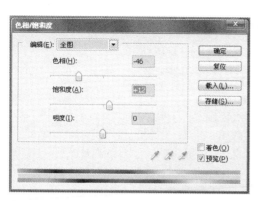

图 2-383 "色相/饱和度"对话框　　　　图 2-384 "色相/饱和度"嘴唇效果

（9）同样的方法，给指甲上色。按 Q 键，进入快速蒙版，按 D 键复原黑白色，使用"画笔工具"，设置"画笔"大小为 15px，"不透明度"为 100%，"流量"为 100%，涂抹指甲部分，按 Q 键退出快速蒙版，按快捷键 Ctrl+Shift+I 反向选区，按快捷键 Ctrl+U 打开"色相/饱和度"对话框，调整参数如图 2-385 所示，执行后指甲效果如图 2-386 所示。

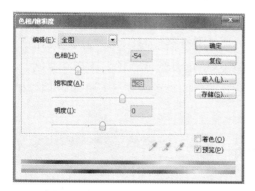

图 2-385 "色相/饱和度"对话框　　　　图 2-386 "色相/饱和度"指甲效果

（10）按快捷键 Ctrl+Alt+Shift+N 新建图层，单击工具箱中的"画笔工具"，"笔尖"为柔尖 5px，"不透明度"和"流量"均为 100%，在人物眼睛部位和指甲尖端，单击后产生闪亮效果，效果如图 2-387 所示。

（11）保存文件。

图 2-387　最终效果图

【关键技术】

本例中，主要是采用"快速蒙版工具"结合"画笔工具"进行选区的绘制。使用蒙版进行选区时，用户需要随时调整画笔大小，来保证选区的柔和顺畅。对于画笔大小的调整，在英文输入法的状态下，按[键和]键来随意缩放画笔大小进行涂抹。在 Photoshop 中，单击 Q 键即可进入快速蒙版编辑状态，双击快速蒙版按钮可以弹出如图 2-388 所示的"快速蒙版选项"对话框，"被蒙版区域"也就是被保护的区域。例如，在涂抹眼睛部分时，使用快速蒙版建立的选区是除眼睛部分之外的选区，如果选择"所选区域"，则蒙版区域就被选中。

关于"色相/饱和度"命令的使用，用户需要注意的是，它不仅可以调整幅图像的色相/饱和度，也可以调整图像中不同颜色的色相/饱和度，或者为图像着色使其成为一幅单色图片。如图 2-389 所示，当用户在编辑模式下选择"全图"时，此时调节整幅图片的色相饱和度，当选择"红色"或"蓝色"时只调节图像中的红色或蓝色。选择"着色"选项后，我们可以通过滑动"色相"下的滑块，调节整幅图像的颜色，使其具有单色调效果，具体效果如图 2-390 所示。

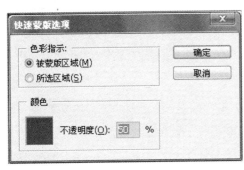

图 2-388　"快速蒙版选项"对话框

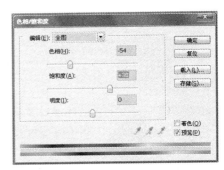

图 2-389　"色相/饱和度"对话框

（a）原图　　　　　　　（b）调节"全图"　　　　　（c）调节"绿色"

图 2-390　效果图

2.6.4　案例三：利用图层样式制作文字特效

任务目标：利用图层样式制作文字特效	核心技术：图层样式
附加技术：晶格化滤镜、高斯模糊滤镜	难度系数：☺☺☺

【操作步骤】

（1）按快捷键 Ctrl+O 打开命令，打开素材文件"天空.jpg"，图像效果如图 2-391 所示。

图 2-391　素材文件

（2）按快捷键 Ctrl+Shift+N 新建"图层 1"，如图 2-392 所示。按 D 键将前景色和背景色复位回默认黑白色。选择"画笔工具"，选择"尖角 9px"，"不透明度"为 100%，"模式"为"正常"，"流量"为 100%，在窗口中间绘制水滴，效果如图 2-393 所示。

图 2-392　"图层"面板

图 2-393　绘制"水滴"

（3）调整"图层 1"的不透明度，改为"5%"，双击"图层 1"的小图标，弹出"图层样式"对话框，勾选"阴影"，设置参数如图 2-394 所示。同样的方法，勾选"内阴影"、"内发光"、"斜面与浮雕"、"描边"选项，具体参数如图 2-395～图 2-398 所示，单击"确定"按钮即可，为图像添加图层样式后的效果如图 2-399 所示。

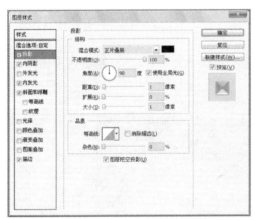

图 2-394　设置"阴影"参数

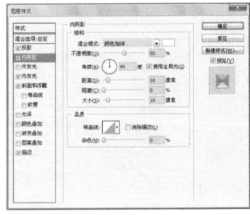

图 2-395　设置"内阴影"参数

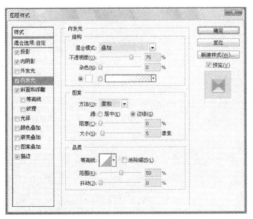

图 2-396　设置"内发光"参数

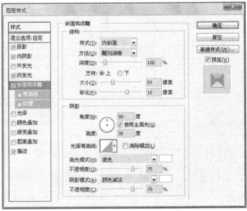

图 2-397　设置"斜面与浮雕"参数

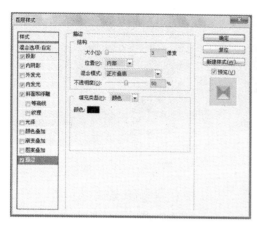
图 2-398　设置"描边"参数

图 2-399　效果

（4）继续双击"图层 1"，打开"图层样式"对话框，单击右边的"新建样式"按钮，弹出"新建样式"对话框，如图 2-400 所示，命名为"水滴"即可，单击"确定"按钮即可添加一个水滴的样式。

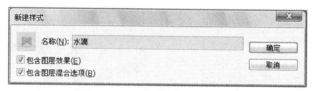
图 2-400　"新建样式"对话框

（5）选择工具箱中的"文字工具"，"字体"为"Engravers MT"，"大小"为 300 点，如图 2-401 所示，输入文字，图像效果如图 2-402 所示。

图 2-401　"文字工具"属性栏

图 2-402　输入文字

（6）按快捷键 Ctrl+Shift+N 新建"图层 2"，并将其拖曳到"图层 1"的下方，按快捷键 Ctrl+Delete 填充背景色白色，单击"文字"图层，按快捷键 Ctrl+E 向下合并为"图层 2"，如图 2-403 和图 2-404 所示。

图 2-403　合并图层效果　　　　　　　　图 2-404　合并图层

（7）执行菜单"滤镜"|"像素化"|"晶格化"，"单元格大小"为 20，设置如图 2-405 所示，对应效果如图 2-406 所示。

图 2-405　"晶格化"参数设置　　　　　图 2-406　"晶格化"效果

（8）执行菜单"滤镜"|"模糊"|"高斯模糊，"，"半径"为 5 像素，设置如图 2-407 所示，对应效果如图 2-408 所示。

图 2-407　"高斯模糊"参数设置　　　　图 2-408　"高斯模糊"效果

（9）按快捷键 Ctrl+L 弹出"色阶"对话框，调整参数，设置如图 2-409 所示，得到如图 2-410 所示的效果。

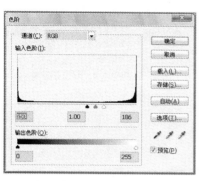

图 2-409　"色阶"参数设置

图 2-410　"色阶"效果图

（10）选择工具箱中的"魔棒工具"，"容差"为 32，取消"连续"复选框，单击窗口中的白色区域，按 Delete 键删除，按快捷键 Ctrl+D 取消选区，调整"填充"为 30%，如图 2-411 所示。

（11）选择"样式"面板，单击"水滴"样式，为"图层 2"添加水滴样式，最终效果如图 2-412 所示。

图 2-411　删除选区内容

图 2-412　添加样式效果

【关键技术】

1. "晶格化"滤镜

"晶格化"滤镜使相近的有色像素集中到一个像素的多角形网格中，以使图像清晰化。在它的对话框中只有"单元格大小"选项，可用于决定分块的大小，变化范围在 3～300 之间，效果如图 2-413 所示。

（a）原图 （b）晶格化效果图

图 2-413 "晶格化"滤镜效果

2. "高斯模糊"滤镜

"高斯模糊"滤镜是利用高斯曲线的分布模式，选择性地模糊图像。其特点是中间高、两边低，呈尖峰状，设置"模糊半径"可以调节模糊效果，半径值越小，模糊效果越弱，反之越强，效果如图 2-414 所示。

（a）原图 （b）高斯模糊效果图

图 2-414 "高斯模糊"滤镜效果

2.6.5 案例四：羽毛花

任务目标：羽毛花特效	核心技术：滤镜的使用
附加技术：变换、色彩范围的使用	难度系数：☺☺☺☺

【操作步骤】

（1）按快捷键 Ctrl+N 新建图层，命名为"羽毛花"，设置大小为 1024×768 像素，"分辨率"为 72 像素/英寸，单击"确定"按钮，如图 2-415 所示。

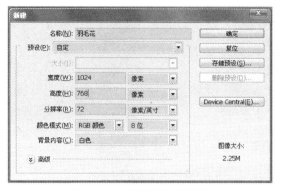

图 2-415　"新建"对话框

（2）按快捷键 Ctrl+Alt+Shift+N 新建"图层 1"，用矩形画一个长方形选取，并填充为黑色，然后按快捷键 Ctrl+D 取消选区，效果如图 2-416 和图 2-417 所示。

图 2-416　"图层"面板

图 2-417　填充黑色效果后

（3）选中"图层 1"，执行菜单"滤镜"|"风格化"|"风"，参数设置如图 2-418 所示，执行效果如图 2-419 所示。

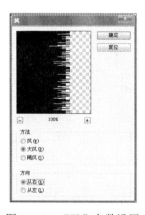

图 2-418　"风"参数设置

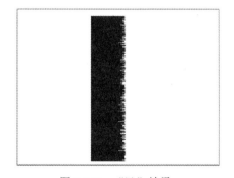

图 2-419　"风"效果

（4）执行菜单"滤镜"|"模糊"|"动感模糊"，参数设置如图 2-420 所示，得到如图 2-421 所示的效果。按快捷键 Ctrl+F 加强几次，得到最终效果如图 2-422 所示。

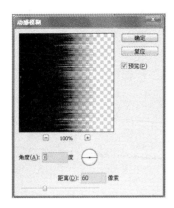 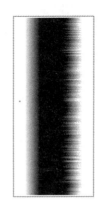 

图 2-420　"动感模糊"对话框　　图 2-421　"动感模糊"效果　　图 2-422　加强后的效果

（5）按快捷键 Ctrl+T 执行变形，调整到水平位置，如图 2-423 所示。

图 2-423　调整到水平位置

（6）执行菜单"滤镜"|"扭曲"|"极坐标"，参数设置如图 2-424 所示。执行后的效果如图 2-425 所示。

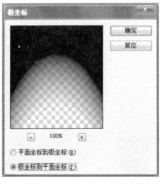 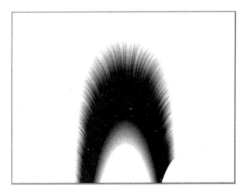

图 2-424　"极坐标"参数设置　　　　图 2-425　"极坐标"效果

（7）按快捷键 Ctrl+T 变换位置，用矩形选择工具选取一边，然后按 Delete 删除，做好羽毛的一边，效果如图 2-426 所示。

（8）选中"图层 1"，按 Alt 键拖曳，复制图层，得到"图层 1 副本"，如图 2-427 所示。执行菜单"编辑"|"变换"|"水平翻转"命令，并将其移动到适当位置，效果如图 2-428 所示。

图 2-426　羽毛的一边　　　　图 2-427　复制图层　　　　图 2-428　水平翻转效果

（9）新建"图层 2"，选择"圆角矩形工具"，"半径"为 5px，绘制矩形框，形成羽毛根部，效果如图 2-429 所示。同时在"图层"面板中形成图层，如图 2-430 所示。按快捷键 Ctrl+E，向下合并图层，如图 2-431 所示。

图 2-429　羽毛根部效果　　　图 2-430　形状图层面板　　　　图 2-431　向下合并图层

（10）按快捷键 Ctrl+Shift+N 新建"图层"，命名为"背景"，单击"渐变工具"按钮，设置径向渐变，参数如图 2-432 所示，并将"背景"拖曳到"图层 1"下方，效果如图 2-433 所示。

图 2-432　"渐变编辑器"对话框　　　　　　图 2-433　渐变背景

（11）隐藏"背景"层，选中"图层 1"，如图 2-434 所示。执行菜单"选择"|"色彩范围"命令，设置"颜色容差"为 200，参数设置如图 2-435 所示，得到局部羽毛的选区如图 2-436 所示。

图 2-434　选中"图层 1"　　图 2-435　"色彩范围"对话框　　图 2-436　局部羽毛选区

（12）按快捷键 Ctrl+Alt+Shift+N 新建"图层"，设置前景色为"#adf16a"，按快捷键 Alt+Delete 进行填充，效果如图 2-437 所示。

（13）按快捷键 Ctrl+T 对"图层 1"进行变形，按住 Alt 键拖曳移动，进行多次复制，调整位置组成花型，效果如图 2-438 所示。

图 2-437　填充效果　　　　　　　　　图 2-438　花型效果

（14）绘制花茎，使用"画笔工具"进行绘制。设置"渐隐"大小为 500，"画笔"大小为 13px，参数设置如图 2-439 所示，适当改变渐隐大小，继续绘制，最终效果如图 2-440 所示。

图 2-439　"渐隐"参数设置　　　　　　图 2-440　花茎效果

（15）选中"图层 1"，隐藏其他图层，按住 Alt 键拖曳移动，进行复制。执行菜单"滤镜"|"扭曲"|"切变"命令，打开"切变"对话框，勾选"折回"，参数设置如图 2-441 所示。调整切变曲线形状，效果如图 2-442 所示。

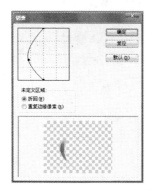

图 2-441　"切变"参数设置　　　　　　　图 2-442　切变效果

（16）执行菜单"编辑"|"变换"|"变形"命令，打开"自由变换"调整框，拖曳调整框的各个角点、节点和摇杆，对羽毛的形状进行变形，操作如图 2-443 所示，按 Enter 键确定即可。

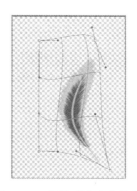

图 2-443　调整"自由变换"

（17）显示其他图层，按快捷键 Ctrl+U 弹出"色相/饱和度"对话框，参数设置如图 2-444 所示。改变颜色，按快捷键 Ctrl+T 进行变形操作，效果如图 2-445 所示。

图 2-444　"色相/饱和度"对话框　　　　　图 2-445　"色相/饱和度"效果

（18）采用同样的方法，绘制其他颜色的羽毛，最终效果如图 2-446 所示。

图 2-446　最终效果图

【关键技术】

结合风、动感模糊、极坐标来共同打造羽毛轻盈的效果。

1. "风"滤镜

"风"滤镜是通过增加一些细小的水平线来产生风的效果。用户可以设置 3 种风效果，即风、大风、飓风，以及设定风的方向，从左向右吹还是从右向左吹，效果如图 2-447所示。

（a）原图　　　　　　　　（b）"风"对话框　　　　　　　（c）"风"效果

图 2-447　"风"滤镜效果

2. 动感模糊

菜单"动感模糊"是指在某一方向对图像像素进行线性位移，从而产生沿某一方向运动的效果，是物体仿佛处于运动状态。执行"动感模糊"时，"角度"用于控制动感模糊的方向，"距离"用于控制像素拖曳的位移，变化范围为 1～999，数值越大，模糊效果越强，反之越弱，效果如图 2-448 所示。

（a）原图　　　　　　（b）"动感模糊"对话框　　　　（c）"动感模糊"效果

图 2-448　　"动感模糊"滤镜效果

3. "极坐标"滤镜

"极坐标"滤镜效果是指将图像坐标从直角坐标转化为极坐标系或是将极坐标系转化为直角坐标系，效果如图 2-449 所示。

（a）原图　　　　　　（b）"极坐标"对话框　　　　（c）"极坐标"效果

图 2-449　　"极坐标"滤镜效果

2.6.6　案例五：特效光

任务目标：特效光	核心技术：滤镜
附加技术：无	难度系数：☺☺

【操作步骤】

（1）按快捷键 Ctrl+N 新建图层，命名为"特效光"，设置大小为 600×400 像素，"分辨率"为 72 像素/英寸，单击"确定"按钮，如图 2-450 所示。

（2）按 D 键复原默认黑白前后景色，按快捷键 Alt+Delete 填充前景色黑色，如图 2-451 所示。

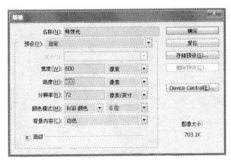

图 2-450　"新建"对话框　　　　　　　　图 2-451　填充效果

（3）执行菜单"滤镜"|"渲染"|"镜头光晕"命令，弹出"镜头光晕"对话框，选择"电影镜头"，"亮度"为 120%，参数设置如图 2-452 所示，效果如图 2-453 所示。

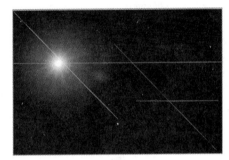

图 2-452　"镜头光晕"参数设置　　　　　图 2-453　"镜头光晕"效果

（4）执行菜单"滤镜"|"扭曲"|"波纹"命令，"数量"为 200%，"大小"为"大"，参数设置如图 2-454 所示，效果如图 2-455 所示。

图 2-454　"波纹"参数设置　　　　　　　图 2-455　"波纹"效果图

（5）复制"背景"图层，命名"图层 1，"，混合样式设为"浅色"，按快捷键 Ctrl+T改变图像大小，移动到合适位置，如图 2-456 所示。

图 2-456　混合效果

（6）单击"背景"图层，执行菜单"滤镜"|"扭曲"|"极坐标"命令，选择"平面坐标到极坐标"单选项，如图 2-457 所示，效果如图 2-458 所示。

图 2-457　"极坐标"参数设置

图 2-458　"极坐标"效果

（7）按快捷键 Ctrl+Alt+Shift+N 新建"图层"，命名为"图层 2"，选择工具箱中的"渐变工具"，单击属性工具栏中的"编辑渐变"按钮，弹出的"渐变编辑器"，如图 2-459 所示，选择"透明彩虹"，单击"确定"按钮，选择径向渐变方式，在"图层 2"中从右向左拉，填充渐变色，效果如图 2-460 所示。

图 2-459　"渐变编辑器"对话框

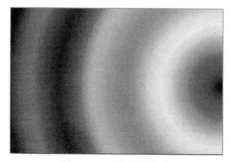

图 2-460　填充渐变色

（8）设置"图层2"的混合模式为"柔光"，效果如图2-461所示。

图2-461　"柔光"效果

（9）按快捷键Ctrl+Shift+Alt+E执行盖印可视图层，命名为"特效光"。执行菜单"滤镜"|"渲染"|"镜头光晕"，弹出"镜头光晕"对话框，参数设置如图2-462所示，最终效果如图2-463所示。

图2-462　"镜头光晕"参数设置

图2-463　最终效果

【关键技术】

波纹特效

波纹特效主要是产生水纹涟漪的效果，可以在"数量"选项中控制水纹大小，在"大小"下拉列表中选择产生水纹的方式，效果如图2-464所示。

（a）原图

（b）"波纹"对话框

（c）"波纹"效果

图2-464　"波纹"滤镜效果

2.6.7 习题

【任务说明】将给定素材进行图像合成和特效制作，如图 2-465 所示。

【任务提示】利用特效滤镜来完成。

图 2-465　给定素材

【参考效果图】

最终效果图如图 2-466 所示。

图 2-466　参考图

2.7　动作与自动化

2.7.1　关于动作

"动作"就是将一系列命令记录下来，是一系列有顺序操作的集合。其特点是一次记录多次使用，提高工作效率，减少重复繁琐操作。通过"动作"可以将一系列操作录制下来，保存到一个动作，然后在后面的操作中通过播放此动作而达到重复执行这一系列操作的目的。除此之外，用户还可以利用批处理命令完成大量的重复性操作。

2.7.2　案例一：录制动作——添加个性化图标

任务目标：录制动作——添加个性化图标	核心技术：动作的录制
附加技术：图形大小设置	难度系数：☺☺☺

【操作步骤】

（1）按快捷键 Ctrl+O 打开素材文件"水流.jpg"，如图 2-467 所示。

（2）单击工具箱中的"自定形状工具"，在图像中绘制如图 2-468 所示的路径图标，并保持路径的显示状态。

图 2-467　素材文件"水流.jpg"　　　　图 2-468　添加路径图标

（3）选择菜单"窗口"|"动作"命令或者按 F9 键打开"动作"面板，如图 2-469 所示。

图 2-469　"动作"面板

（4）单击"动作"面板底部的"创建新组"按钮，弹出"新建"对话框，命名为"添加个性化图标"，单击"确定"按钮即可，如图 2-470 所示。

图 2-470　"新建组"对话框

（5）单击"动作"面板底部的"创建新动作"按钮，弹出"新建动作"对话框，输入"名称"为"添加个性化图标"，如图 2-471 所示。

（6）单击"记录"退出对话框，"动作"面板底部的"开始记录"按钮变为红色，如图 2-472 所示。

图 2-471　"新建动作"对话框

图 2-472　开始记录动作

（7）选择菜单"图像"|"图像大小"命令，取消"重定图像像素"的选中状态，"分辨率"设为 72 像素/英寸，单击"确定"按钮，如图 2-473 所示，对应的"动作"面板会增加该动作，如图 2-474 所示。

图 2-473　"图像大小"对话框

图 2-474　"动作"面板

（8）单击"动作"面板上的右三角按钮，在下拉列表中选择"插入路径"，如图 2-475 所示，"动作"面板如图 2-476 所示。

图 2-475　"插入路径"子菜单

图 2-476　插入路径动作

（9）按快捷键 Ctrl+Alt+Shift+N 新建图层，按快捷键 Ctrl+Enter 将路径转换为选区，设置前景色为"＃a9abcf"，按快捷键 Alt+Delete 填充前景色，按快捷键 Ctrl+D 取消选区，对应的"动作"面板和效果如图 2-477 和 2-478 所示。

图 2-477　"动作"面板　　　　　　　图 2-478　填充效果

（10）同时选中"图层 1"和"背景"，单击"动作"面板右三角按钮，在下拉列表中选择"插入菜单命令"，然后弹出"插入菜单项目"对话框，如图 2-479 所示。

图 2-479　"插入菜单项目"对话框

（11）选择菜单"图层"|"对齐"|"垂直居中"命令，则"插入菜单项目"对话框变为下面的状态，如图 2-480 所示。

图 2-480　变化后的"插入菜单项目"对话框

（12）采用同样的方法，设置为"水平居中"，"动作"面板如图 2-481 和图 2-482 所示。

（13）单击"动作"面板底部的"停止记录"按钮，如图 2-483 所示，完成动作录制。

图 2-481　动作面板—对齐　　图 2-482　动作面板—合并　　图 2-483　停止记录

【关键技术】

创建动作

创建动作时，要新建一个序列，单击"动作"面板下方的"创建新组"按钮或者选择面板菜单中的"新建组"命令，弹出"新建组"对话框，在对话框中设置新序列名，单击"确定"按钮即可。单击"创建新动作"按钮，弹出"创建动作"对话框，进行对应的设置，单击"记录"即可进行录制状态。当操作完成后，单击"停止"按钮，将停止内容记录。

2.7.3 案例二：批处理——为图像加图标

任务目标：批处理——为图像加图标	核心技术：动作的播放
附加技术：图形大小设置	难度系数：☺☺☺

【操作步骤】

（1）在桌面上新建一个文件夹，命名为"批处理"，用于存放处理后的图片。

（2）选中第 2.7.2 节录制的动作，选择菜单"文件"|"自动"|"批处理"命令，弹出"批处理"对话框，分别在"源"栏中设置源图片的路径，在"目标"栏中设置输出路径，即设置在桌面的"批处理"文件夹。在"文件命名"栏中输入"shuimo-"+"连续字母（a,b,c）"+"扩展名（小写）"，单击"确定"按钮即可批处理图像，参数设置如图 2-484 所示。

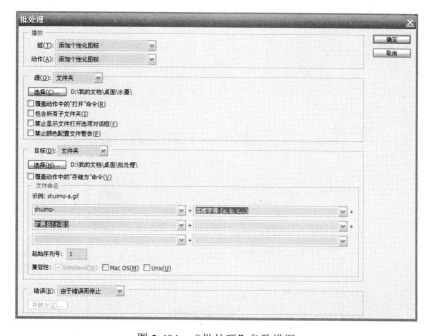

图 2-484 "批处理"参数设置

（3）查看效果，对照图 2-485～图 2-488 所示。

图 2-485　批处理效果 1

图 2-486　批处理效果 2

图 2-487　批处理效果 3

图 2-488　批处理效果 4

2.7.4　案例三：制作小型图片网站

任务目标：制作小型图片网站	核心技术：WEB 图片画廊
附加技术：无	难度系数：☺☺

【操作步骤】

（1）选择菜单"文件" | "自动" | "Web 照片画廊"命令，弹出"Web 照片画廊"对话框，如图 2-489 所示。

图 2-489　　"Web 照片画廊"对话框

（2）在"样式"下拉列表中，选择所需的网站样式，这里选择"简单-垂直缩略图"样式，电子邮件中录入联系方式，如 study@163.com，如图 2-490 和图 2-491 所示。

图 2-490　选择样式　　　　　　　　　　图 2-491　填写电子邮件

（3）单击"源图像"栏中的"浏览"，选择所需要发布的照片文件夹，单击"目标"按钮，设置所要保存该图片网站的文件夹，如图 2-492 所示。

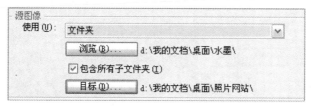

图 2-492　设置"浏览"和"目标"文件夹路径

（4）在"选项"下拉列表中选择生成模块，进行属性设置，参数设置如图 2-493～图 2-495 所示。

图 2-493　"横幅"设置

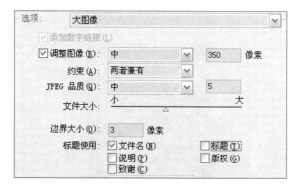

图 2-494　"大图像"设置

图 2-495　"缩略图"设置

（5）设置完成后，单击"确定"按钮，Photoshop CS3 软件自动执行，并生成网页形式进行发布，效果如图 2-496 所示。

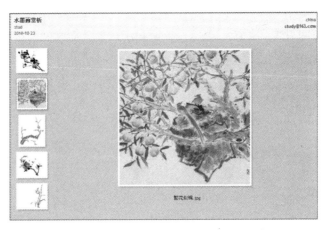

图 2-496　发布后形式

2.7.5　案例四：一寸照片排版

任务目标：一寸照片排版	核心技术：动作的录制与播放
附加技术：无	难度系数：☺☺☺

【操作步骤】

（1）打开素材文件"跳舞女孩.jpg"，如图 2-497 所示。

图 2-497　素材文件"跳舞女孩"

（2）按快捷键 Ctrl+Alt+I 打开"图像大小"对话框，取消"约束比例"，调整参数大小，满足 1 寸照片尺寸，即 2.5 厘米×3.5 厘米，"分辨率"为 300 像素/英寸，参数设置如图 2-498 所示，单击"确定"按钮，修改效果如图 2-499 所示。

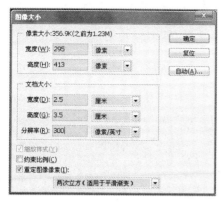

图 2-498　"图像大小"对话框　　　　图 2-499　修改大小后的效果

（3）按快捷键 Ctrl+N 新建文件，设置大小为 8.9 厘米×12.7 厘米，"分辨率"为 300 像素/英寸，如图 2-500 所示，单击"确定"按钮，效果如图 2-501 所示。

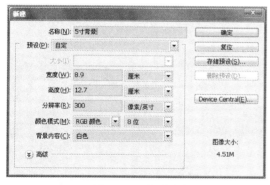

图 2-500　新建文件　　　　　　　图 2-501　5 寸背景

（4）将修改后的素材文件移动到 5 寸背景上，如图 2-502 所示。

图 2-502　移动修改后的图片

（5）按 F9 键打开"动作"面板，单击面板底部的"新建组"按钮，弹出"新建组"对话框，命名为"排版"，单击"确定"按钮即可，如图 2-503 所示。

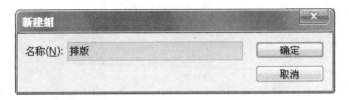

图 2-503 "新建组"对话框

（6）单击面板底部的"新建动作"按钮，弹出"新建动作"对话框，命名为"排版"，"功能键"选择"F2"，如图 2-504 所示，单击"记录"按钮即可，此时动作开始被记录，标志是"录制"按钮变为红色。

图 2-504 "新建动作"对话框

（7）按住 Alt 键，复制 8 次，手动排版，按快捷键 Ctrl+Shift+E 执行盖印，效果如图 2-505 所示。

（8）单击"动作"面板底部的"停止记录"按钮 ，此时记录完毕。

（9）打开素材文件"猴子"，进行动作播放，如图 2-506 所示。

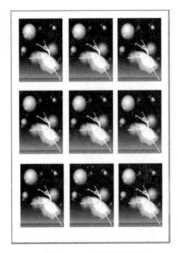

图 2-505 排版效果

图 2-506 素材文件"猴子"

（10）重新执行步骤（2）～（4），得到如图 2-507 所示的效果。

图 2-507　效果

（11）单击"动作"面板右面的三角按钮，弹出如图 2-508 所示的菜单，选择"存储动作"，就会生成"排版.atn"文件，如图 2-509 所示，方便以后进行调用。

图 2-508　存储动作

图 2-509　动作文件

（12）按 F2 键播放动作，自动排版，效果如图 2-510 所示。

图 2-510　播放动作效果图

【关键技术】

照片背景尺寸

5 寸照片背景大小为 8.9 厘米×12.7 厘米，"分辨率"为 300 像素/英寸；1 寸照片设置为 2.5 厘米×3.5 厘米，"分辨率"为 300 像素/英寸。在更改图像大小时，用户需要取消"比例约束"。

2.7.6　案例五：为图像进行格式和大小的设置

任务目标：转换格式处理大小	核心技术：图像处理器的使用
附加技术：无	难度系数：☺☺☺

【操作步骤】

（1）将要处理的图片统一放到指定路径，本例中放在桌面文件夹"转化格式处理大小素材"。

（2）选择菜单"文件"|"脚本"|"图像处理器"，弹出如图 2-511 所示的对话框。

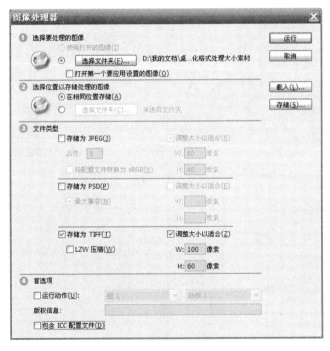

图 2-511　"图像处理器"对话框

（3）在步骤（1）中选择需要处理的文件夹的位置，在步骤（2）中选择"在相同位置存储"，在步骤（3）中选择转化格式为".tiff"，大小为 100 px×60px。

（4）参数设置结束后，单击"运行"按钮即可，系统自动开始处理图像，并在源图像所在位置生成一个新的文件夹，以转换的图像格式命名，即"tiff"，如图 2-512 所示。

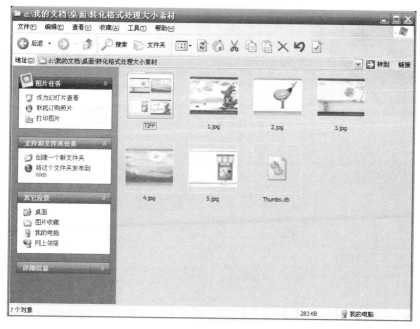

图 2-512　生成名为"tiff"的文件夹

【关键步骤】

"图像处理器"

　　"图像处理器"的使用非常简单，对于处理大量的图片十分方便、快捷。其中，需要读者注意的是，在步骤（4）中可以转换的格式加附加操作，其中"运行动作"可以为处理的图像添加一个动作，"版权信息"中可以输入图像的版权说明，"包含 ICC 配置文件"可以为转换后的图像包含其 ICC 配置文件。

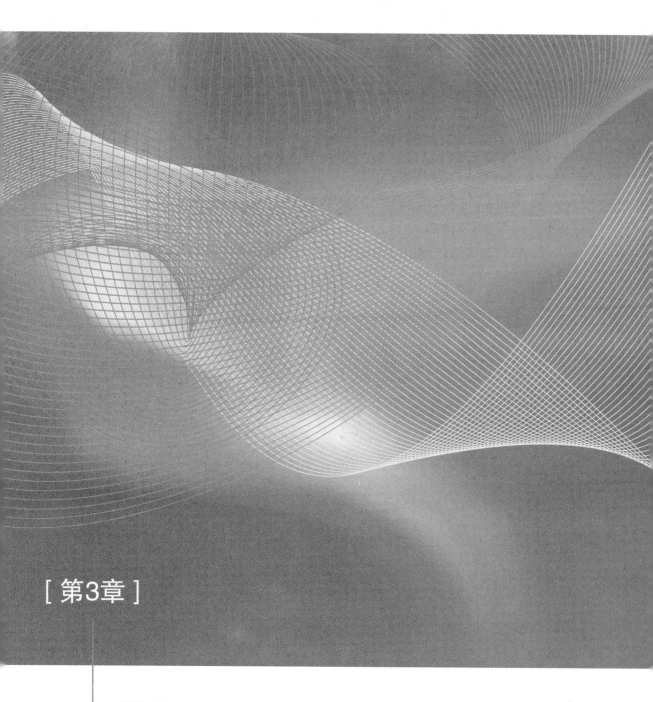

Photoshop
商业实战

3.1 广告设计

【主题】为"新新 MP5"设计和制作一幅广告。

【创意】

抓住产品"高音质"、"适合年轻人"的特点,通过画面力求营造轻松、自在的气氛,使得消费者可以随心所欲地与音乐为伍,伴随着音乐翩翩起舞。设计将以火红色为背景,应用【减淡工具】和【加深工具】绘制出黑洞,给消费者营造出来自天籁般的声音,那是"新新 MP5"所播放出来音乐,真实而使人疯狂。广告中的人物抱着琴在疯狂地高歌,因为有了"新新 MP5"才能使得生活更加放松、自在。

【效果图】

图 3-1 效果

【制作步骤】

(1) 按快捷键 Ctrl+O 打开图片"火焰.jpg",选择工具箱中的"钢笔工具",绘制菱形的路径,并将路径载入选区。选择"选择"菜单中的"羽化"命令,打开羽化选区的对话框,设置"羽化半径"为"60",如图 3-2 所示,同时将前景色设为黑色,按快捷键 Alt+Delete填充选区,显示如图 3-3 所示。

图 3-2 设置"羽化半径"　　　　图 3-3 填充选区后的火焰

（2）选择前景色为"#660000"，调节铅笔的大小和透明度，使用"铅笔工具"在羽化后的选区内绘制如图 3-4 所示的路径。

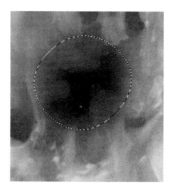

图 3-4　铅笔绘制后的路径

（3）单击"滤镜"菜单中的"模糊"，选择"高斯模糊"按钮，设置"高斯模糊"的对话框，设置参考"半径"为 18.7，如图 3-5 所示，调整后显示的效果如图 3-6 所示。

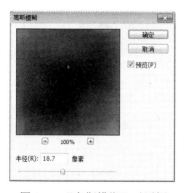

图 3-5　"高斯模糊"对话框

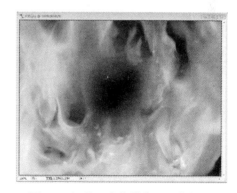

图 3-6　调整"高斯模糊"后的效果

（4）选择工具栏中的"椭圆选框工具"，在如图 3-7 所示的位置绘制椭圆选区，命名图层为"图层 1"。单击"渐变工具"按钮，打开"渐变工具"对话框，设置 4 个按钮的色彩，如图 3-8 所示，从上向下拖曳鼠标。

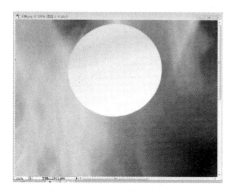

图 3-7　画椭圆选区

图 3-8　色彩渐变器

（5）对绘制渐变后的图像描边，双击"图层1"的缩略图，打开"图层样式"对话框，其属性对话框如图3-9所示，设置描边的颜色为灰色，其效果显示如图3-10所示。

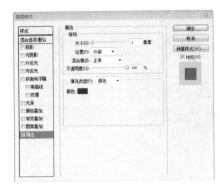
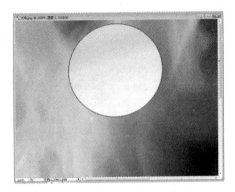

图3-9　描边的图层样式　　　　　　　　图3-10　调节图层样式的效果

（6）选择工具箱中的"钢笔工具"，绘制如图3-11所示的路径，选择"图层"面板中的"路径"按钮，单击"将路径作为选区载入"按钮，如图3-12所示。

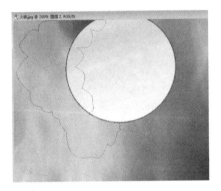

图3-11　"钢笔工具"描绘的路径　　　　图3-12　"钢笔工具"的"路径"面板

（7）新建"图层2"，单击"渐变工具"按钮，打开"渐变工具"对话框，设置4个按钮的色彩，如图3-13所示，在用"钢笔工具"绘制的选区内从左向右拖曳鼠标，绘制后的效果如图3-14所示。

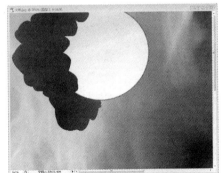

图3-13　渐变色彩分布　　　　　　　　图3-14　渐变后的效果

（8）复制"图层 2"，命名为"图层 2 副本"，选择"滤镜"菜单中的"渲染"按钮，单击"云彩"命令，效果如图 3-15 所示。

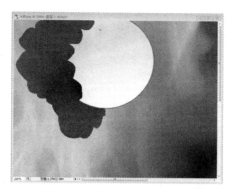

图 3-15　执行云彩后的效果

（9）执行基底凸现的命令，打开"滤镜"菜单中的"素描"按钮，单击"基层凸现"的命令，属性对话框如图 3-16 所示，显示效果如图 3-17 所示。

　　　　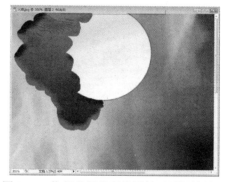

图 3-16　"基层凸现"的属性对话框　　　　图 3-17　执行基层凸现的属性对话框的效果

（10）设置"图层 2 副本"为正片叠底，图层的位置如图 3-18 所示，调整后的效果如图 3-19 所示。

　　　　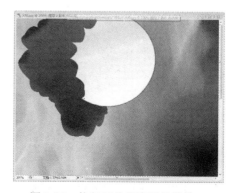

图 3-18　图层的位置　　　　图 3-19　执行正片叠底后的效果

（11）执行"图层样式"中的"描边"命令，双击"图层 2 副本"中的缩略图，打开图层的混合样式，选择"描边"命令，设置颜色为黑色，如图 3-20 所示，描边后的效果如图 3-21 所示。

图 3-20　描边的图层的样式

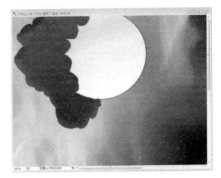

图 3-21　描边后的效果

（12）单击工具箱中的"钢笔工具"，绘制如图 3-22 所示的路径，填充眼睛为白色，嘴巴颜色为"＃660000"，然后单击工具箱中的"减淡工具"，对人物中的嘴巴内进行绘制，效果如图 3-23 所示。

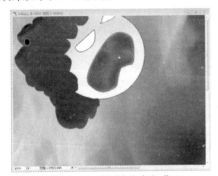

图 3-22　绘制眼睛和嘴巴

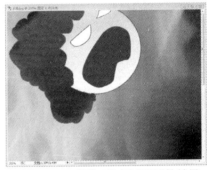

图 3-23　对嘴巴执行减淡后的效果

（13）使用"铅笔工具"绘制人物发怒后的效果，调节画笔的大小和样式，绘制鼻子和眼角，绘制后的效果如图 3-24 所示。使用"钢笔工具"绘制人物的牙齿，并填充颜色"＃ffcc33"，如图 3-25 所示。

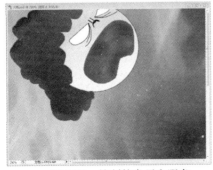

图 3-24　绘制的鼻子和眼角

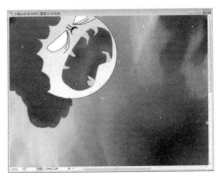

图 3-25　绘制牙齿

（14）使用"钢笔工具"绘制人物的舌头、手、衣服以及琴的路径，填充各个部分的色彩，其结果如图 3-26 所示。

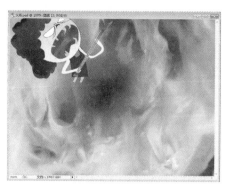

图 3-26　绘制人物其他部分的效果

（15）按快捷键 Ctrl+O 打开素材"mp3.jpg"，选择"移动"按钮，按快捷键 Ctrl+T 设置 MP5 的大小和位置，如图 3-27 所示。设置"渐变工具"的色彩为黑白黑，对 MP5 添加图层蒙版，拖动鼠标后的效果如图 3-28 所示。

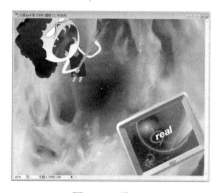

图 3-27　载入 MP5

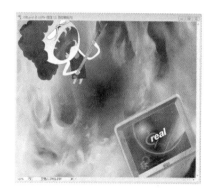

图 3-28　添加图层蒙版后的效果

（16）单击工具箱中的"减淡工具"，沿着 MP5 边缘进行涂抹，涂抹后的效果如图 3-29 所示。单击"自定义形状图形工具"，绘制不同大小的音乐符，然后使用"渐变工具"，拖动鼠标后的效果如图 3-30 所示。

图 3-29　边缘减淡后的效果

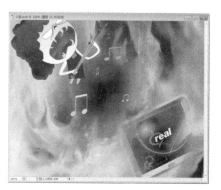

图 3-30　绘制音乐符

（17）调节 MP5 的色彩平衡，对阴影、中间调和高光进行设置，其属性对话框如图 3-31 所示。调整后的效果如图 3-32 所示。

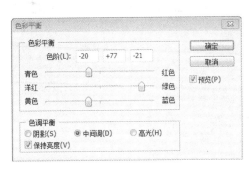

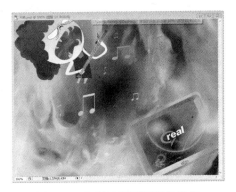

图 3-31　"色彩平衡"对话框　　　　　　　　图 3-32　执行色彩平衡后的效果

（18）单击工具箱中的"横排文字"按钮，输入文字"mp5"，打开字符的对话框，设置文字的大小和间距，其执行后的效果如图 3-33 所示。

图 3-33　执行文字设置后的效果

（19）按 Ctrl 键同时单击文字"mp5"的缩略图，选择文字的选区，单击"选择"菜单中的"修改"命令，选择"扩展"10 像素的对话框，其属性如图 3-34 所示。设置前景色为"99ff00"，新建图层，按快捷键 Alt+Delete 填充前景色，效果如图 3-35 所示。

图 3-34　扩展选区后的效果　　　　　　　　图 3-35　填充文字后的效果

（20）双击文字"mp5"图层的缩略图，打开"图层样式"对话框，设置"内阴影"、"斜面和浮雕"对话框，参数设置如图 3-36 和图 3-37 所示。

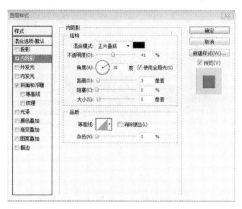
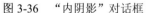

图 3-36　"内阴影"对话框

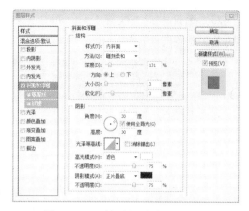

图 3-37　"斜面和浮雕"对话框

（21）选择"滤镜"菜单中的"模糊"，执行"高斯模糊"按钮，设置"半径"为 4.2 像素，属性对话框如图 3-38 所示，显示效果如图 3-39 所示。

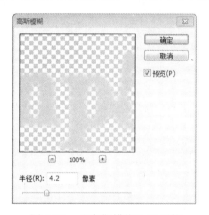

图 3-38　"高斯模糊"对话框

图 3-39　高斯模糊后的效果

（22）执行"滤镜"菜单中的"像素化"，选择"晶格化"命令，设置"单元格大小"为 54，属性对话框如图 3-40 所示，调节后的效果如图 3-41 所示。

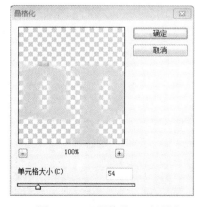

图 3-40　"晶格化"对话框

图 3-41　执行晶格化的效果

（23）选择"文字横排工具"按钮，输入"新新产品"文字，调节文字的大小和色彩，最后的效果如图3-42所示。

图3-42　广告最后的效果

【习题】

『任务』制作水果促销宣传单。

『任务提示』利用钢笔工具、图层样式、文字工具制作。

图3-43　水果宣传单

3.2　书籍封面设计

【主题】为余秋雨的《文化苦旅》设计封面。

【创意】《文化苦旅》是余秋雨的一部散文合集，所收集作品主要包括两部分：一部分是历史、文化散文，散点论述，探寻文化；另一部分是回忆散文。作者以其独特的观察力和洞悉力去深思古老民族的深层文化，用心思细腻的笔触，为这趟巡视华夏文化的"苦旅"，而写本书。考虑到本书蕴含的文化底蕴，在设计封面时选用了象征中华文化的黄色基调和凹凸纹理，加之水墨条纹来映衬本书的内涵，是最终的效果给人以朴实、厚重的美感。

【效果图】

最终效果如图 3-44 所示。

图 3-44　效果

【制作步骤】

（1）按快捷键 Ctrl+N 新建文件，大小为 28 厘米×20 厘米，"分辨率"为 150 像素/英寸，命名为"文化苦旅"，如图 3-45 所示。

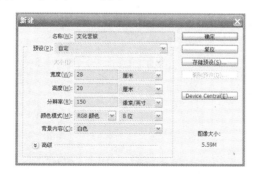

图 3-45　"新建"对话框

（2）按快捷键 Ctrl+R 打开标尺命令，选择工具箱中的"移动工具"，在图像上拖出两条参考线，使其位于图像中间部分，效果如图 3-46 所示。

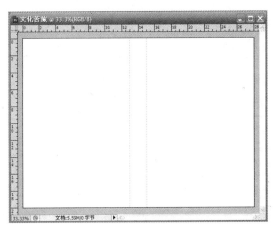

图 3-46 参考线分布

（3）按快捷键 Ctrl+Alt+Shift+N 新建"图层 1"，设置前景色为"#f2e073"，按快捷键 Alt+Delete 进行填充，效果如图 3-47 所示。

图 3-47 填充前景色

（4）选择"图层 1"，将其拖曳到"图层"面板下方的"创建新图层"按钮上，得到"图层 1 副本"。执行菜单"滤镜"|"纹理"|"纹理化"，参数设置如图 3-48 所示，单击"确定"按钮即可，效果如图 3-49 所示。

图 3-48 "滤镜"参数设置

图 3-49 "纹理"效果

（5）选择"图层 1 副本"，设置前景色为黑色，单击"图层"面板下方"添加图层蒙版"按钮，选择柔角画笔，大小为 200px，在窗口的右下方进行涂抹，效果如图 3-50 所示，操作面板如图 3-51 所示。

图 3-50　添加蒙版

图 3-51　"图层"面板

（6）双击"图层 1 副本"，弹出"图层样式"对话框，为"图层 1 副本"设置混合模式为"浅色"，参数设置如图 3-52 所示，效果如图 3-53 所示。

图 3-52　"图层样式"对话框

图 3-53　添加混合样式效果

（7）按快捷键 Ctrl+Alt+Shift+N 新建"图层 2"，设置前景色为"#393936"，选择"画笔工具"，大小为柔角 200px，"渐隐"大小为 30，在窗口底部进行涂抹，效果如图 3-54 所示。

图 3-54　"画笔工具"的使用效果

（8）双击"图层 2"，弹出"图层样式"对话框，为"图层 2"设置混合模式为"强光"，效果如图 3-55 所示。

图 3-55　强光混合模式

（9）按快捷键 Ctrl+O 打开素材文件"楼阁.jpg"，如图 3-56 所示。

图 3-56　素材文件"楼阁.jpg"

（10）使用"移动工具"将其移动到主文档，生成"图层 3"，按快捷键 Ctrl+T 自由变换，调整大小，单击"图层"面板下方的"添加图层蒙版"按钮，操作如图 3-57 所示。使用"画笔工具"，设置前景色为黑色，进行涂抹，并设置"图层混合样式"为"颜色加深"，效果如图 3-58 所示。

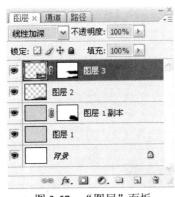

图 3-57　"图层"面板

图 3-58　混合样式效果

（11）按快捷键 Ctrl+O 打开素材文件"余秋雨"，使用"移动工具"将其移动到主文档，生成"图层 4"，按快捷键 Ctrl+T 自由变换，调整大小，并设置"图层混合样式"为"颜色加深"，效果如图 3-59 所示。

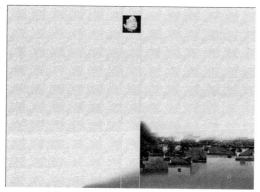

图 3-59　"颜色加深"混合样式

（12）按快捷键 Ctrl+O 打开素材文件"墨纹"，使用"移动工具"将其移动到主文档，命名为"墨纹"，按快捷键 Ctrl+T 自由变换，调整大小，将其拖曳到"图层 1 副本"的下方，效果如图 3-60 所示。

图 3-60　添加"墨纹"效果

（13）按快捷键 Ctrl+Shift+N 新建"图层 5"，命名为"文字底纹"，选择"画笔工具"，画笔样式为"半湿描边油彩笔"，大小为 150px，颜色为"#ff0000"，效果如图 3-61 所示。

图 3-61　添加"文字底纹"效果

（14）单击"文字工具"，选择"直排文字工具"，输入"文化苦旅"，"字体"为"华文行楷"，"大小"为 48 点，"字间距"为 70%，参数设置如图 3-62 所示，得到的效果如图 3-63 所示。

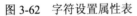

图 3-62　字符设置属性表

图 3-63　添加文字效果

（15）复制"文字底纹"，按快捷键 Ctrl+T 自由变换，调整大小，输入文字，效果如图 3-64 所示。

图 3-64　封面正面效果

（16）按快捷键 Ctrl+O 打开素材文件"条码.jpg"，使用"移动工具"将其移动到主文档，命名为"条码"，按快捷键 Ctrl+T 自由变换，调整大小，输入文字"责任编辑"、"版面设计"和"东方出版中心"，效果如图 3-65 所示。

图 3-65　最终效果

【习题】

『任务』按照图 3-66 的设计为《主流英语国际通用教程》进行封面设计。

『任务提示』通过各种图层样式来达到不同的层叠效果，配合文字、图片来共同说明主题。

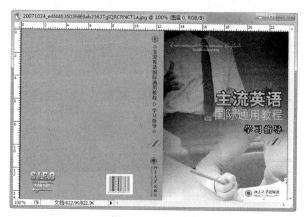

图 3-66　参照图

3.3　效果图修饰

【主题】为平淡的室内效果图润色，包括墙体、灯光、光线的调节等，来达到美化效果。

【创意】原图整体光线暗，给人沉重的感觉，所以，首先需要对整体提亮，使用曲线或者色阶调节，使用图层来进行提亮。对于墙体，使用照片滤镜来增加一些冷色调，加入一点蓝色来使室内显得"白"一些，最后是灯光的处理，大多是对灯光进行自发光设置，但是，这样会显得灯部发白，在此使用镜头光晕来制作灯光效果。

【效果图】

最终效果如图 3-67 所示。

图 3-67　最终效果

【制作步骤】

（1）打开素材文件"家居效果图.jpg"，如图 3-68 所示。

图 3-68　素材文件"家居效果图.jpg"

（2）使用"移动工具"将"家居效果图"进行拖曳复制，得到"家居效果图副本"，设置"混合模式"为"滤色"，调节该图层的"不透明度"为 50%，效果如图 3-69 所示，操作面板如图 3-70 所示。

图 3-69　"滤色"效果

图 3-70　"图层"面板

（3）按快捷键 Ctrl+E 向下合并，并再次拖曳复制。执行菜单"图像"|"调整"|"照片滤镜"命令，打开"照片滤镜"对话框，如图 3-71 所示，设置"滤镜"为"冷却滤镜（80）"，"浓度"为 80%，单击"确定"按钮即可，效果如图 3-72 所示。

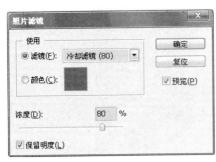

图 3-71　"照片滤镜"对话框

图 3-72　"冷却滤镜"效果

（4）为冷色调的图层加一个蒙版，前景色和背景色为默认黑白色，在蒙版上做线形渐变，效果如图 3-73 所示，操作面板如图 3-74 所示。

图 3-73　添加蒙版效果

图 3-74　"图层"面板

（5）按快捷键 Ctrl+Alt+Shift+N 新建图层，填充黑色，效果如图 3-75 所示，操作面板如图 3-76 所示。

图 3-75　填充黑色

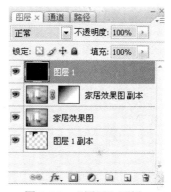

图 3-76　"图层"面板

（6）执行菜单"滤镜"|"渲染"|"镜头光晕"命令，打开"镜头光晕"对话框，参数设置如图 3-77 所示，效果如图 3-78 所示。

图 3-77　"镜头光晕"对话框

图 3-78　"镜头光晕"效果

（7）将"图层 1"的"混合模式"设为"线性减淡"，按快捷键 Ctrl+T 对大小进行调整，效果如图 3-79 所示。

图 3-79　最终效果

3.4　CG 角色上色

【主题】设计 CG 角色。

【创意】根据主题绘制人物线稿，然后扫描成数字图片，最后进行上色处理。

【效果图】

效果如图 3-80 和图 3-81 所示。

图 3-80　效果 1

图 3-81　效果 2

【制作步骤】

（1）按快捷键 Ctrl+O 打开扫描的文件"女孩线条画"，如图 3-82 所示。

（2）复制"背景"图层，得到"图层 1"，并命名为"女孩线条画"，隐藏"背景"图层。

（3）单击菜单"选择" | "色彩范围"，弹出"色彩范围"对话框，如图 3-83 所示，在图像窗口单击白色区域，设置"颜色容差"为 50，勾选下方的"选择范围"，单击"确定"按钮即可。

图 3-82　素材文件"女孩线条画"

图 3-83　"色彩范围"对话框

（4）利用"色彩范围"形成选区，效果如图 3-84 所示，按 Delete 键进行删除，按快捷键 Ctrl+D 取消选取，得到线稿，这个过程称为"去背"操作，效果如图 3-85 所示。将线稿层的图层混合模式改为"正片叠底"。

图 3-84　利用"色彩范围"形成的选取

图 3-85　"去背"操作

（5）按 D 键复原黑白前后景色，按快捷键 Ctrl+Alt+Shift+N 新建图层，命名为"底色"，按快捷键 Ctrl+Delete 填充白色，并将"底色"图层拖曳到"女孩线条图"下方，效果如图 3-85，操作面板如图 3-86 所示。

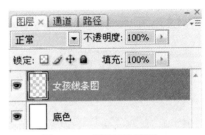

图 3-86 添加底色图层效果   图 3-87 "图层"面板

（6）按快捷键 Ctrl+Alt+Shift+N 新建图层，命名为"肤色"，对人物的肤色进行设置。

（7）按 Q 键进入快速蒙版编辑状态，选择"画笔工具"，调整大小进行肤色涂抹，效果如图 3-88 所示。

图 3-88 肤色涂抹效果

（8）按 Q 键退出快速蒙版编辑状态，按快捷键 Alt+Delete 填充前景颜色为"#f2c6a2"，并将"肤色"图层拖曳到"女孩线条图"下方，按快捷键 Ctrl+D 取消选取，效果如图 3-89所示。

（9）使用"减淡工具"，大小为 85px，在面部中央进行涂抹，产生明暗效果，效果如图 3-90 所示。

图 3-89 肤色效果

图 3-90 使用"减淡工具"的效果

（10）采用同样的方法对头发进行操作。按快捷键 Ctrl+Shift+N 新建图层，命名为"头发"，按 Q 键进入快速蒙版编辑状态，选择"画笔工具" ✐，调整大小进行头发部位涂抹，按 Q 键退出快速蒙版编辑状态，按快捷键 Alt+Delete 填充前景颜色为"#f 845732"，效果如图 3-91 所示。

图 3-91 头发的处理效果

（11）按快捷键 Ctrl+Shift+N 新建图层，命名为"头发高光"，使用"画笔工具"，大小为 20px，"颜色"为白色，"填充"为 50%，效果如图 3-92 所示，操作面板如图 3-93 所示。

图 3-92 头发高光效果

图 3-93 "图层"面板

（12）采用同样的方法，分别对发带和衣服进行处理，效果如图 3-94 所示，操作面板如图 3-95 所示。

图 3-94 效果

图 3-95 "图层"面板

（13）采用同样的方法，对眼睛进行处理，效果如图 3-96 所示。

（14）按快捷键 Ctrl+Alt+Shift+N 新建图层，命名为"背景"，使用"画笔工具"进行涂抹，最终效果如图 3-97 所示。

图 3-96 眼睛效果

图 3-97 最终效果

【习题】

『任务』给线稿图(图 3-98)上色。

『任务提示』注意提线、图层等关键点的操作。

图 3-98　线稿图

3.5　数码相片的制作和润饰

【主题】数码相片的制作和润饰。

【创意】摄影本身是一门艺术，也是一种享受。对拍摄的数码照片进行处理及版式设计也本着简单舒适的宗旨，利用颜色块制作简介明快的效果。本案例采用颜色块配合文字、图片，制作一幅四季美景，简洁明快，给人惬意舒适的感觉。

【效果图】

效果如图 3-99 所示。

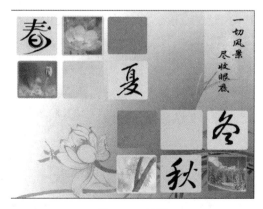

图 3-99　效果

【操作步骤】

（1）按快捷键 Ctrl+N 新建文件，大小为 1024×768 像素，"分辨率"为 72 像素/英寸，单击"确定"按钮，如图 3-100 所示。

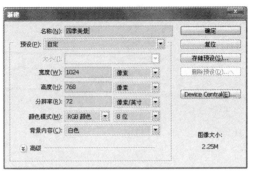

图 3-100　新建文件

（2）按快捷键 Ctrl+Shift+N 新建"图层 1"，选择"圆角矩形工具"，选择"路径"按钮![按钮]，绘制矩形，效果如图 3-101 所示。

（3）按快捷键 Ctrl+Enter 将路径转化为选区，设置前景色为"#99f9f8"，按快捷键 Alt+Delete 填充，效果如图 3-102 所示。

图 3-101　绘制路径

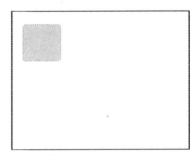

图 3-102　填充选区

（4）采用同样的方法绘制其他颜色块，效果如图 3-103 所示。

（5）按快捷键 Ctrl+E 向下合并图层，命名为"颜色块 01"，操作面板如图 3-105 所示。

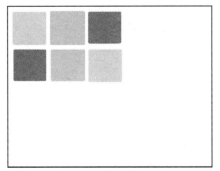

图 3-103　颜色块的绘制

图 3-104　"图层"面板

（6）将"颜色块 01"拖曳到"图层"面板底部的"创建图层"按钮上进行复制，命名为"颜色块 02"，对该图层执行菜单"编辑"|"变换"|"水平翻转"命令，效果如图 3-106 所示。

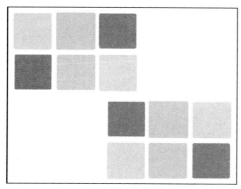

图 3-105　水平翻转后的效果

图 3-106　春夏秋冬字样

（7）按快捷键 Ctrl+O 打开素材文件"春夏秋冬字样.psd"，如图 3-107 所示。

（8）使用"移动工具"，分别拖曳到主窗口，按快捷键 Ctrl+T 调整大小，效果如图 3-108 所示，操作见图层面板 3-108。

图 3-107　拖曳后的效果

图 3-108　"图层"面板

（9）按快捷键 Ctrl+O 打开素材文件"春景"，如图 3-109 所示。

图 3-109　导入文件"春景"

（10）按快捷键 Ctrl+T 调整大小，调整"填充度"为 70%，效果如图 3-110 所示。

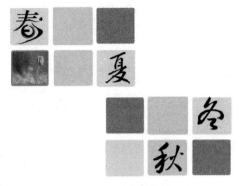

图 3-110   调整后的效果

（11）采用同样的方法，将"夏景"、"秋景"和"冬景"载入，适当调整大小和填充度，效果如图 3-111 所示。

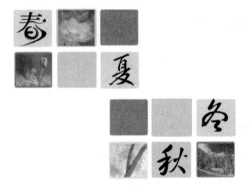

图 3-111   调整后的效果

（12）按快捷键 Ctrl+O 打开素材文件"荷花"，效果如图 3-112 所示。

图 3-112   导入素材

（13）使用"移动工具"拖曳到主窗口，置于背景层的上方，按快捷键 Ctrl+T 调整大小，执行菜单"编辑"|"旋转 90 度"|"垂直翻转"命令，设置"填充"为 40%，"不透明度"为 60%，双击"背景"图层，进行解锁，按 D 键复位前后景色，选择"渐变工具"，执行"径向渐变"，效果如图 3-113 所示。

图 3-113　背景添加渐变效果

（14）选择竖排文本工具，输入"一切风景"和"尽收眼底"，效果如图 3-114 所示。

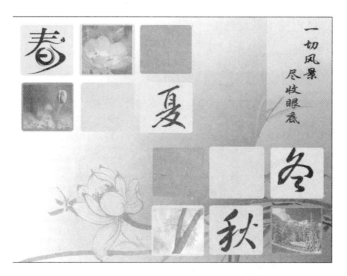

图 3-114　最终效果

【习题】

『任务』参考图 3-115 进行数码相片修饰，即版式设计。

『任务提示』通过羽化工具、图层样式面板、文字工具等给自己的照片润色。

图 3-115　参照图

3.6　数码婚纱照片设计

【主题】数码婚纱照片版式设计。

【创意】婚纱照片对于年轻人来讲意义重大，是爱情的象征，是幸福的体现。所以在设计时要着重体现浪漫的幸福的感觉，创设浪漫的幸福的氛围。本例将应用"色彩平衡"、"色相/饱和度"改变图片的颜色基调，使整体略显暖色系列的黄色，给人温馨之感，同时利用图层蒙版技术，使得图像的边缘柔和和舒缓。

【效果图】

效果如图 3-116 所示。

图 3-116　效果

【制作步骤】

（1）按快捷键 Ctrl+O 打开素材文件"婚纱 01"，如图 3-117 所示。

图 3-117 素材文件"婚纱 01"

（2）按快捷键 Ctrl+U 打开"色相/饱和度"对话框，调节参数，勾选"着色"复选框，参数设置如图 3-118 所示。

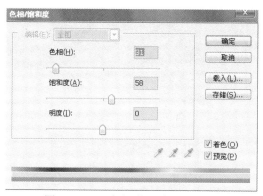

图 3-118 "色相/饱和度"对话框

（3）单击"确定"按钮，得到如图 3-119 所示的效果。

图 3-119 调节"色相/饱和度"效果

（4）执行菜单"滤镜"|"模糊"|"高斯模糊"，大小为 1.5，参数设置如图 3-120 所示，单击"确定"按钮，效果如图 3-121 所示。

图 3-120 "高斯模糊"参数设置　　　　图 3-121 "高斯模糊"效果

（5）选择工具箱中的"橡皮擦工具" ，擦出人物部分，显示出下层人物正常肤色，如图 3-122 所示。

图 3-122 橡皮擦效果

（6）选中"图层 0"，按快捷键 Ctrl+B 执行色彩平衡，添加"黄"，参数设为-35，设置如图 3-123 所示。

图 3-123 色彩平衡对话框

（7）单击"确定"按钮，按快捷键 Ctrl+E 向下合并，效果如图 3-124 所示。

图 3-124 "色彩平衡"效果

（8）按快捷键 Ctrl+O 打开素材文件"婚纱 02"，使用"移动工具"  拖曳到主窗口中，执行菜单"编辑"|"变换"|"旋转 90 度（顺时针）"，效果如图 3-125 所示。

图 3-125　导入素材文件

（9）为"图层 1"添加图层蒙版，设置前景色为黑色，使用"画笔工具"进行涂抹，调整大小，设置"图层 1"的不透明度为 69%，"填充"为 84%，效果如图 3-126 所示。

图 3-126　添加图层蒙版效果

（10）按快捷键 Ctrl+O 打开素材文件"婚纱 03"，使用"移动工具"  拖曳到主窗口中，按快捷键 Ctrl+T 自由变换，调整大小，效果如图 3-127 所示。

图 3-127　导入素材文件"婚纱 03"

（11）使用"圆角矩形工具"，在其属性栏中设置"路径"按钮 ，"半径"为 10 像素，在素材文件上拖动，绘制路径，效果如图 3-128 所示。

图 3-128　绘制圆角矩形路径

（12）按快捷键 Ctrl+Enter 将路径转换为选区，单击"图层"面板下方的"添加图层蒙版"按钮 ▣，隐藏选区外的图像，效果如图 3-129 所示。

图 3-129　添加图层蒙版

（13）按快捷键 Ctrl+B 为"图层 2"添加色彩平衡，参数设置如图 3-130 所示。

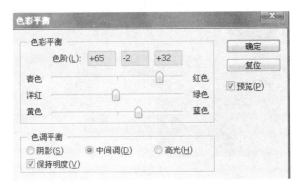

图 3-130　"色彩平衡"参数设置

（14）单击"确定"按钮，效果如图 3-131 所示。

图 3-131　"色彩平衡"效果

（15）双击"图层 2"，打开"图层样式"对话框，单击"描边"，设置颜色为白色，大小为 10 像素，"混合模式"为"柔光"，单击"确定"按钮，参数设置如图 3-132 所示，"图层"面板如图 3-133 所示。

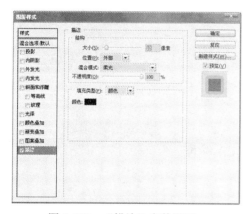

图 3-132　"描边"参数设置

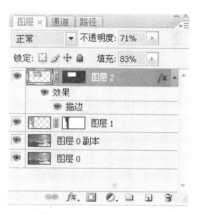

图 3-133　"图层"面板

（16）设置该涂层"不透明度"为 71%，"填充"为 83%，效果如图 3-134 所示。

图 3-134　应用图层样式的效果

（17）按快捷键 Ctrl+Shift+N 新建图层 3，选择"画笔工具"，打开"画笔"面板，对"画笔笔尖形状"、"形状动态"和"散布"进行设置，参数如图 3-135～图 3-137 所示。

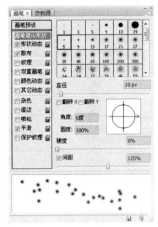  

图 3-135　"画笔笔尖形状"参数　　图 3-136　"形状动态"参数　　图 3-137　"散布"参数

（18）设置前景色为白色，在窗口中绘制心形，效果如图 3-138 所示。

图 3-138　绘制心形

（19）双击该图层，打开"图层样式"对话框，设置"外发光"，参数设置如图 3-139 所示。

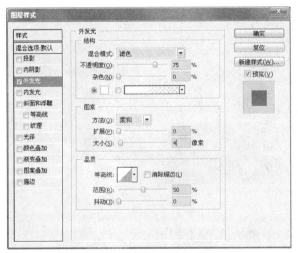

图 3-139　图层样式对话框

（20）单击"确定"按钮，效果如图 3-140 所示。

图 3-140　应用图层样式效果

（21）选择工具箱中的"文字工具" **T.**，设置前景色为白色，输入"执子之手"和"与子偕老"，"大小"分别为 30 点和 36 点，"字体"为"华文隶书"，最终效果如图 3-141 所示。

图 3-141　最终效果

【习题】

『任务』参考图 3-142 进行数码婚纱照片设计。

『任务提示』通过抠图、图层样式面板、蒙版、模糊等工具进行处理。

图 3-142　参照图

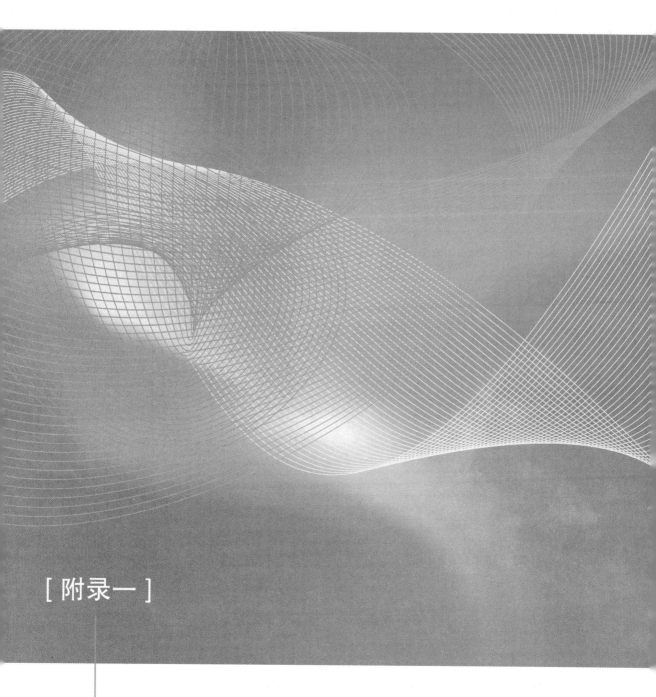

Photoshop
最常用快捷方式

操　作	快 捷 方 式
取消当前命令	Esc
工具选项板	Enter
选项板调整	Shift＋Tab
退出系统	Ctrl＋Q
获取帮助	F1
剪切选择区	F2 / Ctrl＋X
拷贝选择区	F3 / Ctrl＋C
粘贴选择区	F4 / Ctrl＋V
显示或关闭画笔选项板	F5
显示或关闭颜色选项板	F6
显示或关闭图层选项板	F7
显示或关闭信息选项板	F8
显示或关闭动作选项板	F9
显示或关闭选项板、状态栏和工具箱	Tab
全选	Ctrl＋A
反选	Shift＋Ctrl＋I
取消选择区	Ctrl＋D
选择区域移动	方向键
将图层转换为选择区	Ctrl＋单击工作图层
选择区域以 10 个像素为单位移动	Shift＋方向键
复制选择区域	Alt＋方向键
选区羽化	Ctrl＋Alt+D
填充为前景色	Alt＋Delete
填充为背景色	Ctrl＋Delete
调整色阶工具	Ctrl＋L
调整曲线工具	Ctrl+M
调整色彩平衡	Ctrl＋B
调节色调/饱和度	Ctrl＋U
自由变形	Ctrl＋T
增大笔头大小	[中括号
减小笔头大小	]中括号
选择最大笔头	Shift＋中括号

操　作	快捷方式
选择最小笔头	Shift＋中括号
重复使用滤镜	Ctrl＋F
移至上一图层	Ctrl＋中括号
排至下一图层	Ctrl＋中括号
移至最前图层	Shift＋Ctrl＋中括号
移至最底图层	Shift＋Ctrl＋中括号
激活上一图层	Alt＋中括号
激活下一图层	Alt＋中括号
合并可见图层	Shift＋Ctrl＋E
放大视窗	Ctrl＋＋
缩小视窗	Ctrl＋－
放大局部	Ctrl＋空格键＋鼠标单击
缩小局部	Alt＋空格键＋鼠标单击
翻屏查看	PageUp/PageDown
显示或隐藏标尺	Ctrl＋R
显示或隐藏虚线	Ctrl＋H
显示或隐藏网格	Ctrl＋"
新建文件	Ctrl＋N
打开文件	Ctrl＋O
关闭单个文件	Ctrl＋W
关闭所有文件	Ctrl+Alt+W
文件存盘	Ctrl＋S；Ctrl+Shift+S；Ctrl＋Alt+S；Ctrl+shift+Alt+S
打印文件	Ctrl＋P
重做/还原	Ctrl＋Z
重做多步	Ctrl＋Shift+Z
还原多步	Ctrl+Alt+Z

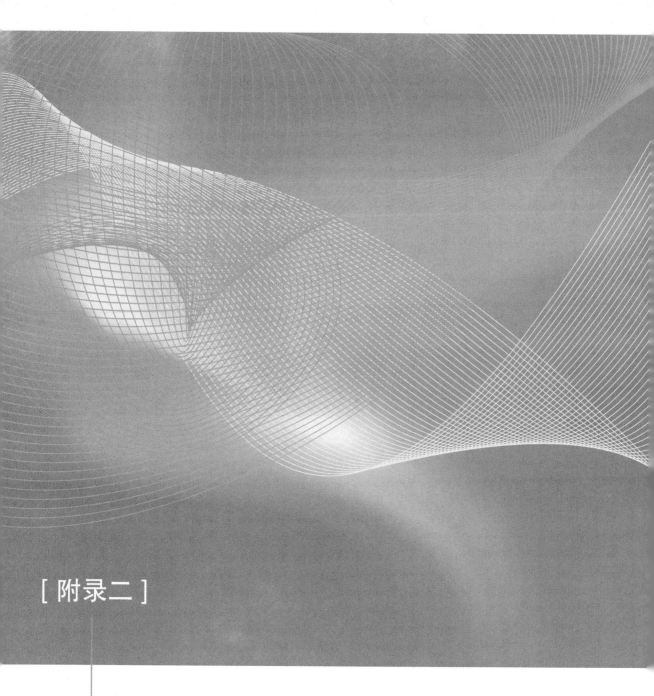

Photoshop
其他快捷方式

基本操作	F1 -帮助
	F2 -剪切
	F3 –复制
	F4-粘贴
	F5-隐藏/显示画笔面板
	F6-隐藏/显示颜色面板
	F7-隐藏/显示图层面板
	F8-隐藏/显示信息面板
	F9-隐藏/显示动作面板
	F12-恢复
	ctrl+h-隐藏选定区域
	ctrl+d-取消选定区域
	ctrl+w-关闭文件
	ctrl+Q-退出 Photoshop
	Esc-取消操作

工具箱操作	矩形选框工具、椭圆选框工具 M
	裁剪工具 C
	移动工具 V
	套索工具、多边形套索工具、磁性套索工具 L
	魔棒工具 W
	喷枪工具 J
	画笔工具 B
	橡皮图章、图案图章 S
	历史记录画笔工具 Y
	橡皮擦工具 E
	铅笔工具、直线工具 N
	模糊工具、锐化工具、涂抹工具 R
	减淡工具、加深工具、海绵工具 O
	钢笔工具、自由钢笔工具、磁性钢笔 P
	添加锚点工具+
	删除锚点工具-
	直接选取工具 A

工具箱操作	文字、文字蒙版、直排文字、直排文字蒙板 T
	度量工具 U
	直线渐变、径向渐变、对称渐变、角度渐变、菱形渐变 G
	油漆桶工具 K
	吸管、颜色取样器 I
	抓手工具 H
	缩放工具 Z
	默认前景色和背景色 D
	切换前景色和背景色 X
	切换标准模式和快速蒙板模式 Q
	标准屏幕模式、带有菜单栏的全屏模式、全屏模式 F
	临时使用移动工具 Ctrl
	临时使用吸色工具 Alt
	临时使用抓手工具 空格
	打开工具选项面板 Enter
	快速输入工具选项（当前工具选项面板中至少有一个可调节数字）0 至 9
	循环选择画笔 [] 或【】
	选择第一个画笔 Shift+[]
	选择最后一个画笔 Shift+【】
	建立新渐变（在"渐变编辑器"中）Ctrl+N

文件操作	新建图形文件 Ctrl+N
	用默认设置创建新文件 Ctrl+Alt+N
	打开已有的图像 Ctrl+O
	打开为... Ctrl+Alt+O
	关闭当前图像 Ctrl+W
	保存当前图像 Ctrl+S
	另存为... Ctrl+Shift+S
	存储副本 Ctrl+Alt+S
	页面设置 Ctrl+Shift+P
	打印 Ctrl+P
	打开"预置"对话框 Ctrl+K
	显示最后一次显示的"预置"对话框 Alt+Ctrl+K

文件操作	设置"常规"选项（在"预置"对话框中）Ctrl+1
	设置"存储文件"（在"预置"对话框中）Ctrl+2
	设置"显示和光标"（在"预置"对话框中）Ctrl+3
	设置"透明区域与色域"（在"预置"对话框中）Ctrl+4
	设置"单位与标尺"（在"预置"对话框中）Ctrl+5
	设置"参考线与网格"（在"预置"对话框中）Ctrl+6
	设置"增效工具与暂存盘"（在"预置"对话框中）Ctrl+7
	设置"内存与图像高速缓存"（在"预置"对话框中）Ctrl+8
编辑操作	还原/重做前一步操作 Ctrl+Z
	还原两步以上操作 Ctrl+Alt+Z
	重做两步以上操作 Ctrl+Shift+Z
	剪切选取的图像或路径 Ctrl+X 或 F2
	复制选取的图像或路径 Ctrl+C
	合并复制 Ctrl+Shift+C
	将剪贴板的内容粘到当前图形中 Ctrl+V 或 F4
	将剪贴板的内容粘到选框中 Ctrl+Shift+V
	自由变换 Ctrl+T
	应用自由变换（在自由变换模式下）Enter
	从中心或对称点开始变换（在自由变换模式下）Alt
	限制（在自由变换模式下）Shift
	扭曲（在自由变换模式下）Ctrl
	取消变形（在自由变换模式下）Esc
	自由变换复制的像素数据 Ctrl+Shift+T
	再次变换复制的像素数据并建立一个副本 Ctrl+Shift+Alt+T
	删除选框中的图案或选取的路径 DEL
	用背景色填充所选区域或整个图层 Ctrl+BackSpace 或 Ctrl+Del
	用前景色填充所选区域或整个图层 Alt+BackSpace 或 Alt+Del
	弹出"填充"对话框 Shift+BackSpace
	从历史记录中填充 Alt+Ctrl+Backspace

图像调整	调整色阶 Ctrl+L
	自动调整色阶 Ctrl+Shift+L
	打开曲线调整对话框 Ctrl+M
	在所选通道的曲线上添加新的点（"曲线"对话框中） 在图像中 Ctrl 加点按
	在复合曲线以外的所有曲线上添加新的点（"曲线"对话框中） Ctrl+Shift 加点按
	移动所选点（"曲线"对话框中）↑/↓/←/→
	以 10 点为增幅移动所选点以 10 点为增幅（"曲线"对话框中） Shift+箭头
	选择多个控制点（"曲线"对话框中）Shift 加点按
	前移控制点（"曲线"对话框中）Ctrl+Tab
	后移控制点（"曲线"对话框中）Ctrl+Shift+Tab
	添加新的点（"曲线"对话框中）点按网格
	删除点（"曲线"对话框中）Ctrl 加点按点
	取消选择所选通道上的所有点（"曲线"对话框中）Ctrl+D
	使曲线网格更精细或更粗糙（"曲线"对话框中）Alt 加点按网格
	选择彩色通道（"曲线"对话框中）Ctrl+ ~
	选择单色通道（"曲线"对话框中）Ctrl+数字
	打开"色彩平衡"对话框 Ctrl+B
	打开"色相/饱和度"对话框 Ctrl+U
	全图调整（在"色相/饱和度"对话框中）Ctrl+ ~
	只调整红色（在"色相/饱和度"对话框中）Ctrl+1
	只调整黄色（在"色相/饱和度"对话框中）Ctrl+2
	只调整绿色（在"色相/饱和度"对话框中）Ctrl+3
	只调整青色（在"色相/饱和度"对话框中）Ctrl+4
	只调整蓝色（在"色相/饱和度"对话框中）Ctrl+5
	只调整洋红（在"色相/饱和度"对话框中）Ctrl+6
	去色 Ctrl+Shift+U
	反相 Ctrl+I

图层操作	从对话框新建一个图层 Ctrl+Shift+N
	以默认选项建立一个新的图层 Ctrl+Alt+Shift+N
	通过复制建立一个图层 Ctrl+J
	通过剪切建立一个图层 Ctrl+Shift+J

(续表)

图层操作	与前一图层编组 Ctrl+G
	取消编组 Ctrl+Shift+G
	向下合并或合并连接图层 Ctrl+E
	合并可见图层 Ctrl+Shift+E
	盖印或盖印连接图层 Ctrl+Alt+E
	盖印可见图层 Ctrl+Alt+Shift+E
	将当前层下移一层 Ctrl+[]
	将当前层上移一层 Ctrl+[]
	将当前层移到最下面 Ctrl+Shift+[]
	将当前层移到最上面 Ctrl+Shift+[]
	激活下一个图层 Alt+[]
	激活上一个图层 Alt+[]
	激活底部图层 Shift+Alt+[]
	激活顶部图层 Shift+Alt+[]
	调整当前图层的透明度（当前工具为无数字参数的，如移动工具）0～9
	保留当前图层的透明区域（开关）/
	投影效果（在"效果"对话框中）Ctrl+1
	内阴影效果（在"效果"对话框中）Ctrl+2
	外发光效果（在"效果"对话框中）Ctrl+3
	内发光效果（在"效果"对话框中）Ctrl+4
	斜面和浮雕效果（在"效果"对话框中）Ctrl+5
	应用当前所选效果并使参数可调（在"效果"对话框中）A

图层混合模式	循环选择混合模式 Alt+-或+
	正常 Ctrl+Alt+N
	阈值（位图模式）Ctrl+Alt+L
	溶解 Ctrl+Alt+I
	背后 Ctrl+Alt+Q
	清除 Ctrl+Alt+R
	正片叠底 Ctrl+Alt+M
	屏幕 Ctrl+Alt+S
	叠加 Ctrl+Alt+O
	柔光 Ctrl+Alt+F

图层混合模式	颜色减淡 Ctrl+Alt+D
	颜色加深 Ctrl+Alt+B
	变暗 Ctrl+Alt+K
	变亮 Ctrl+Alt+G
	差值 Ctrl+Alt+E
	排除 Ctrl+Alt+X
	色相 Ctrl+Alt+U
	饱和度 Ctrl+Alt+T
	颜色 Ctrl+Alt+C
	光度 Ctrl丨Alt+Y
	去色海绵工具+Ctrl+Alt+J
	加色海绵工具+Ctrl+Alt+A
	暗调减淡/加深工具+Ctrl+Alt+W
	中间调减淡/加深工具+Ctrl+Alt+V
	高光减淡/加深工具+Ctrl+Alt+Z

选择	全部选取 Ctrl+A
	取消选择 Ctrl+D
	重新选择 Ctrl+Shift+D
	羽化选择 Ctrl+Alt+D
	反向选择 Ctrl+Shift+I
	路径变选区数字键盘的 Enter
	载入选区 Ctrl+单击图层、路径、通道面板中的缩约图

参 考 文 献

[1] 范玉婵. Photoshop CS3 技术解析与精彩案例[m]. 北京：清华大学出版社，2008.

[2] 郝军启，马海军，等. 创意+:Photoshop CS3 数码照片处理实例精解[m]. 北京：清华大学出版社，2008.

[3] 深蓝工作室. 创意+:Photoshop CS3 图层与样式技术精粹[m]. 北京：清华大学出版社，2008.

[4] 深蓝工作室. 创意+:Photoshop CS3 通道与蒙版技术精粹[m]. 北京：清华大学出版社，2008.

[5] 深蓝工作室. 创意+:Photoshop CS3 选择与合成技术精粹[m]. 北京：清华大学出版社，2008.

[6] 李恩峰，庞玉艳. Photoshop 中文版完全攻略[m]. 北京：电子工业出版社，2009.

[7] 刘孟辉，刘亚利. Photoshop 中文版特效制作[m]. 北京：电子工业出版社，2009.

[8] 唐红莲. Photoshop CS3 中文版创意设计[m]. 北京：电子工业出版社，2008.

[9] 锐艺视觉. Photoshop CS3 6 大重点功能与 4 大核心应用专题讲座[m]. 北京：中国青年出版社，2008.

[10] 锐艺视觉. Photoshop CS3 平面设计师就业实战教程[m]. 北京：中国青年出版社，2008.

[11] 赵道强. 中文版 Photoshop CS3 课堂实录[m]. 北京：清华大学出版社，2008.

[12] 晋华菊. PS 风暴：Photoshop CS4 完美创意设计. 特效篇[m]. 北京：北京科海电子出版社，2009.

[13] 王静. Photoshop CS3 数码摄影与照片修饰自学通典[m]. 北京：清华大学出版社，2008.

[14] 锐艺视觉. Photoshop 完美创意设计[m]. 北京：中国青年出版社，2009.